U0261180

寓教于乐的
亲子收纳术

[日] 小岛弘章 著
小乔 & 徐小娟 译

中国电力出版社
CHINA ELECTRIC POWER PRESS

内 容 提 要

本书由日本亲子收纳教育专家小岛弘章撰文，国内亲子收纳教育机构专家翻译并绘制插图，意在轻松简单地让读者对烦恼颇多的家务整理变得简单好上手，并且可以快乐的与孩子通过收纳教育一起享受成长时光。书中包括如何感染家人一起来做收纳、不同阶段的孩子应该如何正确教育做收纳等内容。

图书在版编目（CIP）数据

寓教于乐的亲子收纳术 /（日）小岛弘章著；小乔，徐小娟译．—北京：中国电力出版社，2019.10

ISBN 978-7-5198-3422-7

Ⅰ．①寓…　Ⅱ．①小…　②小…　③徐…　Ⅲ．①家庭生活－儿童读物　Ⅳ．① TS976.3-49

中国版本图书馆 CIP 数据核字（2019）第 148512 号

出版发行：中国电力出版社
地　　址：北京市东城区北京站西街 19 号（邮政编码 100005）
网　　址：http：//www.cepp.sgcc.com.cn
责任编辑：曹　巍
责任校对：黄　蓓　常燕昆
装帧设计：锋尚设计
责任印制：杨晓东
印　　刷：北京盛通印刷股份有限公司
版　　次：2019 年 10 月第一版
印　　次：2019 年 10 月北京第一次印刷
开　　本：710 毫米 ×1000 毫米　16 开本
印　　张：10.5
字　　数：181 千字
定　　价：68.00 元

序

前些年，因为职业关系，我发现我生活的空间被越来越多的物品占据着，逐渐迷失。抬头看看朋友们，听到最多的也是一些痛苦的声音："为什么会有那么多东西?""出门怎么总是少一件衣服?""哎呀，东西又找不到了"…… 还有不少朋友抱怨有宝宝后找了长辈来帮忙，原本是件好事，却因为居住习惯和生活方式不同，给家庭新增了意想不到的矛盾。比如，老人不愿意丢弃长久不用的物品；家里被孩子和老人的物品堆得满满当当；没有自己喘息的空间，不断丧失生活的情趣等。

我们的生活，怎么就变得一团乱麻了呢?

我突然想起在日本留学的那段日子，当时住的房间很小，但每个角落都井然有序，物品也放置得很合理，举手之间就能便捷地拿取和放回，虽然空间拥挤，生活却始终舒适自宜。我忽然领悟到："不是生活变糟了，而是我们的方法错了！我们需要收纳！而且是专业的、系统的收纳理论和方法，来帮助甚至拯救我们的生活"。

从最初和日本著名收纳专家小岛弘章老师接触，到把日本收纳检定协会引进中国，这几年收纳王子平台在全国普及收纳知识领域飞速地发展着。我们非常欣喜地看到，收纳不仅仅能帮助用户解决实际的收纳问题，而且让更多人拥有"和物品相处"的观念。

从大环境看，这几年随着断舍离、极简主义的风行，大众的收纳意识逐渐增强。从收纳王子平台的学员反馈看，大家使用收纳方法，切实地改善了生活品质，树立了全新的人生价值观。

与此同时，越来越多的人跟收纳王子平台讨论孩子的未来，希望把这么先进、优秀的方法，传播到下一代身上。这种愿望令我非常感动，同时欣喜万分。因为我们一直以来推崇的就是以收纳为基础的"收育"概念，这绝不仅仅是一种技能，更是一种需要从小培养的思维方式。

在中国，收育理念是比较落后的。比如我们常听到老人讲：家里有小孩嘛，乱一点儿很正常的。但真的是这样吗?

其实，孩子在很小的时候就具备强大的观察、模仿、学习能力，如果爸爸、妈妈注重物品摆放的规则，他们就会潜移默化地养成好习惯，建立起物品管理的逻辑思维。如果爸爸、妈妈喜欢堆积杂物、把东西凌乱堆放，他们便会认为这是理所当然的，那很可能终身都养不成良好的生活习惯。所以都说父母永远是孩子最好的老师，除了做出良好的榜样，父母通过亲子收育，可以从源头开始培育下一代的良好个性和优良习惯。

回想我们小时候，家庭生活方式的培养仅仅依靠父母言传身教，等我们长大后靠摸索前行。好在，我们这一代缺失的收纳理念，终于可以在收纳王子平台为孩子们补上。我由衷地希望，通过收纳、收育，帮助更多家庭培养出新秩序，建立起更良好的亲子关系。

这本书以科学方式结合日本几十年的收育经验，从孕育到宝宝出生、长大，给每一个阶段的家长和孩子都制定了目标，提供了具体的实践方法。从孩子自身能力、理解度、五感心理出发，帮助父母在共情的基础上，给孩子科学的引导，留给孩子受益一生的思维能力和动手能力。

全书分成六大章节，分别从什么是收育、轻松收纳的秘诀、实践亲子收纳之前你需要做哪些、收育指南、让家人一生受益的收育大智慧和常见问题 Q&A 六个方面，通过理论加实际场景的运用，让爸爸、妈妈了解什么是收育、如何帮助宝宝养成自主收拾的习惯、如何规避家装安全隐患等，让您成功带动全家人一起快乐收纳。

收育对我和周围的朋友帮助很大，每次体会到这份幸福，就忍不住分享给更多人。希望当您翻开这本书，能跟着我一起走入收育的奇妙世界，而当您合上书，可以收获更加美好的居住环境和亲子关系。我会一直在这里，期待你的幸福分享哦。

收纳王子平台创始人　小乔

目录

第一章

什么是收育

Section 1

新生命降临，依然有序不乱的收纳术

什么是收育

能帮助你孕育孩子、打造优雅生活、养成和谐家庭的“收育”究竟是什么意思呢？从字面上看，“收育”二字可被拆分为“收”和“育”，分别对应“收纳”和“育儿、教育、育成”。这里的“育”不单单指生理上的养育孩子，还有亲子教育、家长的自我教育、家庭成员间和谐关系、正向能量的培养与延续。

所以——

收育 = 收纳 + 育儿 · 教育 · 育成

从等号的右边看来，每一个要素都缺一不可。收纳是一种方法和生活方式，育儿、教育、育成又是可利用“收纳”来达到的目的，这一个词包含了方法和目的，它们交织融合，能逐渐在日常生活的点点滴滴中对一个家庭构成积极的影响。

“收育”的期待
孕育孩子们和我们的明天

如果问起父母们，希望自己的孩子未来成为什么样的人。可能大部分的父母在除了**“成功”“幸福”“对世界有所贡献”等价值标准外，几乎都会涉及“有独立生活的能力”“有自主的判断力”“有爱与被爱的能力”这样的期待。**

因为，能够支撑我们幸福地活下去的力量除了物质上的富足、社会上的成就，更重要的是要珍惜物、事、人，以及时间。有了“珍惜”的能力，那么不管是成为一个平凡的人，或者身处怎样艰苦的环境，一个人或一个家庭都能够满怀感恩和期待地活下去。想要学习到这种能力，充分发挥事物的作用，熟练使用并且多加爱惜同样必要。由物及人，再到时间和生命，“珍惜”的能力将会润物细无声地滋养孩子的一生。

孩子们成长起来很快，在这有限的时间中，收育将教会他们大量的人生智慧。对待事物爱惜的举动不知不觉就会培养出他们的同情心。通过整理收纳，孩子们会逐渐走向自立，与此同时，家长也会因尊重孩子的自主性，不去过多干涉而更加稳健坚定，孩子也会变得温柔体贴，全家和谐幸福地生活下去。

一言以蔽之，**“收育”理念的口号就是：孕育孩子们和我们的明天。**

Section 2

日本家庭总是干干净净，熊孩子都去哪了

收育在日本：整理整顿已经进入日本义务教育

无论是在影视剧的画面中还是在真实的生活中，无论是否有孩子，日本人的家庭环境总给人整洁、有序、雅致的直观印象。从自己拎包上学的皇室后代，到学校午餐时，从取餐到分发再到回收，全部有序自理的小学生，从机场里秩序井然安静读书的青少年们，日本的孩子都会给人安静、有序、自立、坚忍、能体谅别人的印象。

让孩子了解
整理“收纳”这件事

为什么日本家庭总是干干净净，外部环境也都井然有序呢？难道日本没有熊孩子吗？答案是，孩子都有调皮淘气的天性，但是家庭和学校需要给予一定的干预和引导。在这一点上，日本的家庭和学校早已携手开始培养孩子们的收纳能力。**即便是孩子，已经能做到所有的学习物品都要分门别类装进大小不一的各种包包，日本学校非常重视收纳能力的培养，整理整顿甚至已经进入日本的义务教育大纲。**

不会收拾不是孩子的错。因为没有人天生就有这样的能力。消费旺盛、物品充斥的这个时代，为了让孩子了解整理收纳，成人有必要先充分地理解“**收纳**”这件事，并教给他们一些新方法。

日本社会也在反思，为什么不会收拾的孩子比以往要多。究其原因，这可能是过去一直以来的“整理整顿”观念与现在的社会变化之间不断出现的脱节一点点累积而成的现状。物资丰富，容易囤积。孩子们会很轻易地买到一些便宜可爱却不怎么用的物品。也就是说，每个孩子的人均拥有物品量大大增加了。另外，由于双职工家庭数量的增多以及补习班和课业的压力，使得大人教孩子学习整理收纳的机会减少了，孩子们自己可支配的时间也减少了。这些都是外部客观环境的改变带来的影响。那么，作为孩子们的第一任老师，家长是不是更应该将收纳的必要性和新的收纳知识与整理方法在适当的时间、以适当的方式教给孩子呢?

收育的直接目的就是培养出能够珍惜物品、善于收纳，使得物品便于自己和周围人使用的孩子。我们可期待的结果不仅仅是在居住环境上能够维持一个舒畅的空间，孩子们“自己的事情自己做”的这种自立意识和能够顾及别人心情的“换位思考意识”也会得到培养。

在人之初的阶段，在家庭这个人生第一课堂就可以通过收育学习如何自立，自己的事情要自己做，也会在学习收育的过程中懂得任何事情都要换位思考。在物品的使用上，要考虑到接下来使用人的感受。这种“利他”的思维，首先能为孩子将来的人际关系处理打下“善”的基础，同时还能培养他们积极提出建设性想法的能力。

所以说，可以受益终生的收育是父母送给孩子最好的礼物。

此外，在收育的过程中，父母也可以学会如何守护孩子的自立，亲子关系既亲密又有自由的空间。这样，在合适的时机，**孩子可以离开父母独立生活，父母既可以放手也可以安心。**

Section 3

当收育遇到中国式育儿

中日文化在收育上的差异

与日本一衣带水的中国，情况既和日本有相似之处，也有很大的不同。相似的是，两个国家的国民在人均居住面积上非常相似，尤其是在一线城市，大部分的家庭都是拥有中等面积的住宅。同时，两个国家的家庭都趋于少子化，目前中国的新生父母多半是独生子女，他们组建家庭后基本上会生育一到两个孩子，在一线城市也会以拥有一个孩子的三口之家为多。在并不宽敞的人均居住面积、双职工只生育一个孩子的背景下，在家庭教育中纳入“收育”就显得非常有必要。

孕育一个新生命时
就开始规划收育思维的执行

和日本不同的是，在中国，由于父母大多都是独生子女，往往是爷爷、奶奶、外公、外婆、爸爸、妈妈全家六个大人围着一个孩子转。由于妈妈在产假结束后一般会迅速返回职场，双职工的家庭工作压力相当大，通勤时间也往往很长，由此分摊下来的育儿时间就相对较少。在不少城市，亲子教育的环节往往都需要祖辈的支持和介入。有时是出于祖辈的爱，有时是为了方便起见，很多时刻，需要孩子自己去做的事情往往由祖辈代劳了。其实，不单单是孩子，即便是独生子女一辈的年轻父母，在成年之后，乃至结婚之后生活也还是有一些事情需要其父母代劳。当我听到有人结婚之后，自己的父母还会去孩子的婚房打扫卫生、代为洗晒衣服时，不由得大吃一惊。

如果想要培养出心怀感恩、独立自主的孩子，或者退一步说，希望能够有整洁、轻松、每个人都能够享受到充分的个人空间和时间的家庭环境，那么就该停止什么都为之代劳的错误的育儿方式。从孕育一个新生命时就开始规划收育思维的执行。

Section 4

全家都很忙，可以请别人代劳吗

什么都可以外包，但唯独和“养育”有关的“收育”不可以

读到这里，也许有的读者会说，不就是收拾房间、打扫卫生吗？被你说得这么严重。快节奏的都市生活中，为了拥有更多的休闲时光，很多的需求都可以通过外包服务来满足。饿了可以叫外卖，车子脏了可以有公司上门洗车，东西坏了可以请人上门维修，带孩子可以请育儿保姆，现在连搬家都能有帮忙分类整理、打包、运输直至拆包、安放完毕的外包服务。收拾房间、打扫卫生请个钟点工不就好了嘛？

让我们回到“收育”的概念。

收育＝收纳＋育儿·教育·育成

不能将收育简单地等同于收拾，收育的目的指向很明确，即通过收育活动，能够达到收纳的狭义目的和育人育家的广义目的。收育不是简单的工作事项，而是一种过程，它将伴随孩子从母胎到成人的全部时光，并且还将以新的方式从孩子那里延续到新的家庭以及反哺到父母一辈。将收育简单外包给别人，看起来节约了时间，殊不知是错过了教育孩子的最佳途径。全家一起理解、敞开沟通、共同去做的“收育”将会是极其珍贵、有效的亲子教育。

Section 5

全家人的地盘，All Happy 才是大智慧

通过收育培养，能给家长和孩子带来什么好处？

收育，究竟能带给一个家庭怎样的改变呢？接下来让我们从个体（孩子、父母）到整体（家庭）来了解收育能带来的切实改变。

孩子的成长

1

好习惯和自律的养成

自己整理自己的玩具、书籍、画具、学习用品，就意味着好的习惯开始在孩子的心中萌芽。每一天、每一事都要善始善终，为自己所做的事情负责，是对其自律的培养。

2

条理性收纳思维模式

幼儿时期什么玩具该放在哪里，儿童时期什么样的衣服该怎么叠放……潜移默化间，观察、分类、归纳、执行的思维模式逐渐在脑中形成，孩子未来在学习和生活中都将具备一定的条理性。

3

从选择玩具开始，选择适合自己的物品

有一句话说得好，知道自己不要什么，有时比知道自己要什么会更重要。每一次舍弃，既是一种选择也是一次成长。在消费主义的时代，通过收育逐渐明白什么是能够长久使用的东西，什么是自己真正需要的东西，有利于培养孩子正确的消费观、价值观。

4

从物品管理学会时间管理

收纳整理中有一个重要的环节是“评估”，从对物品、空间的评估到对时间的评估，孩子将逐渐学会“珍惜”，也能学会合理利用自己的时间。

懂得选择，懂得未来想成为什么样的人

从选择物品到选择把时间花在什么方面，渐渐地孩子便能懂得自己想要选择成为什么样的人。

家长的成长

不要以为在收育的过程中得到成长的只有孩子，身为父母也能够得到一定的成长。

引导孩子们获得体验的能力

请看一看这些玩具都有什么共同点？哪一个和其他的不一样呢？宝贝看看你的绘本和书架比一比，放的进去吗？为什么放不进去呢？

学会给孩子设置一些问题来帮助他们在收育的过程中体验周围的世界。

培养守护、观察的能力

在收育的过程中，尽量让孩子自己去做，自己去找到解决问题的办法，是学会放手的第一步，进而观察他们的行动，适当给予支持而不是急于告知方法、给出答案。

培养
贴切的
表达能力

从“你怎么又把房间弄这么乱”到“大家一起来收拾吧”，从“快把这个扔掉”到“我们一起帮你给这些玩具举办一个欢送派对吧，对它们说‘辛苦啦！感谢你的陪伴，再见咯’”。家长将能学会和孩子交流、学会确切的表达。

成长型家庭利用收育获得能量

当孩子和父母都从收育中获益时，往往家庭能收获1+1>2的结果。

夫妇关系的成长

有不少妈妈会感叹自从有了孩子之后似乎全身心头投入到孩子和家庭身上，但丈夫却似乎还停留在刚结婚的阶段，无论如何都无法说服其加入亲子教育的阵营中来，自己的无力感也越来越强。这样的家庭状况到底还能改变吗？答案是，从怀孕开始就在家庭中贯彻收育的做法，是可以帮助新手爸爸顺利完成角色的转换和提高其亲子活动的参与度的。由于收育始终鼓励全家一起来做，那么在进行收育时，就不再会存在“去问你妈妈吧”这样的局面，而是爸爸必须参与进来并做出爸爸的榜样、发挥爸爸的长处。每次整理工作结束时，必然是全家都能体验到的整洁和轻快，自然而然大家也会约定，下个周末一起来做收育吧，逐渐地夫妇关系也能得到改善和提升。

收育智慧就像涟漪一样带来逐步放大的正能量效应

亲子关系的成长

收育不仅能改善父母和孩子之间的互动，随着中国二胎政策的开放，部分家庭将会迎来新的成员，此时将收育贯彻下去，也将会使得第一个孩子参与到第二个孩子的养育过程中，全家一起来面对新的挑战。利用一些便利的工具，如标签机等，为家庭成员的物品按照彼此的个性标记上性格鲜明的标签，也有利于家庭成员彼此的了解和亲密的互动。

收育智慧的代际传播

可以回想一下，自己成年离家独立生活之后，有哪些事情是凭着“以前妈妈 / 爸爸就是这么来做的”这样的经验来完成的？从装修房间、学习做饭到应对孩子的第一次生病……人生中很多应对危机的能力往往都来源于上一代的智慧。收育的智慧同样也可以代际传播，通过孩子的成长延续到他们未来的家庭。同时，伴随着孩子的长大，祖辈们也逐渐老去，他们也将越来越需要子女和孙辈的帮助，从物品的使用到房间的格局，往往也都可以用收育的智慧来给予改造。如此看来，收育智慧就像涟漪一样带来逐步放大的正能量效应。

笔记

第二章

轻松收纳的秘诀

尽管我们已经明白了收纳对于打造全家适宜的居住环境、建立和谐的家庭氛围、培养自主自立的下一代都有全面积极的意义，但在刚刚开启收纳工作的时候，难免会遇到这样那样的困难。比如，全家人的配合程度能做到一致吗？比如，慢慢地，好像又变成只有妈妈一个人在做。又比如，在收纳的过程中，家人似乎很容易为如何处置物品而争论起来。自己原本已有的收纳思路好像变得又不是那么清晰明确了，渐渐地变得容易放弃。收纳真的可以是一件愉快的事情吗？事实上，没有任何一件事是可以一蹴而就的，想要做到轻松收纳，就需要做好全家总动员，家人将会在理解收纳的过程中变得更有凝聚力，所能从中获得的快乐也将越来越多。

Section 1

全家人如何一起来收纳

“妈妈，手电筒在哪里?”

“妈妈，一直放在这里的盒子去哪里了?”

在家里一直都能听见“妈妈，妈妈，妈妈”，我想对那些想说“吵死了”的母亲道声“您辛苦了!”

“只有妈妈知道法则”变为“全家都知道法则”

但是仔细想想，关于家里的物品收纳，“只有妈妈知道的法则”是不是出现在太多人的家里了呢?

不知不觉中，妈妈一边觉得“就自己知道物品在哪里也可以”一边收纳，爸爸和孩子就失去了知道“收纳规则”的机会。结果导致，每次爸爸和孩子不知道物品在哪里的时候就会不止一次问妈妈，这变成了一件理所当然的事情。

所以重点是，尽可能地让全家都参与收纳，在参与的过程中逐渐明白家里的收纳法则。从**“只有妈妈知道法则”**变为**“全家都知道法则”**是全家人开始收纳的第一个目标。

用颜色区分每个人的物品

一旦这个目标达成，不但每个人都能节约出大把寻找物品的时间，并且家人间的交流也会变得更加顺畅。那么，该如何建立这种特殊的“语言”呢?

比如在装有物品的收纳箱上贴着标签、照片来简单解释说明收纳箱里有什么。也可以用**“蓝色是和爸爸有关”“黄色是和孩子有关”**这样用不同的颜色区分。用一目了然、谁都可以明白的“信息”作为指示。这样一来，“妈妈，那个物品在哪里啊?”的问题就会一下子减少很多。

设置全家都知道的固定位置

我想在家里，经常会问到“它去哪里了?”的代表物品就是钥匙。

在很急的时间里找不到钥匙就会变得很焦躁。这个时候不免会觉得要是全家都能一起管理家里物品就好了。

我家的“规则”是，我们在玄关的墙壁上挂上挂钩，把钥匙挂在那里。

出发的时候可以一下子就拿下来，回家的时候也会马上挂回去，这样一来基本上就不会找不到钥匙了。

挂钩上挂着我和妻子不同的钥匙，有我的车钥匙，妻子的自行车钥匙，一共 4 把，我们用不同的挂钩挂着。
这样一来，当我回家看到妻子的“自行车钥匙挂钩”上空空的，就马上知道“今天，她是骑着自行车出去购物了啊”。另外，这个挂钩还可以让家里人很方便知道家里有谁在。

不仅是钥匙，当家里的任何物品都能让大家很容易理解放在何处，那么“咦?它去哪里了?”这样经常漫天飞舞在家里的问句就会基本没有了。不过，还需要做到的是，明确了东西该放在哪里之后，用完了就要立刻放回去也是家人必须都遵守的规则。

就像这样，平时全家人一起考虑“物品的收纳”，自然地告诉年幼的孩子物品的摆放规则“应该是这样放的”，小孩也会养成收纳物品的习惯。

持之以恒地做好收纳

如何在实际的操作中让家人参与进来，持之以恒地做好收纳呢？

1 耐心了解家人的全部想法

当全家开始投入收纳工作时，时常会因为一些物品的处置方式而发生不愉快。这时候需要做的是，必须了解家人的想法，而且是所有家人的全部的想法。了解对方的想法，有利于理解对方这么做的原因，继而在互相理解的基础上找到共同的解决办法。我们需要做到的是，时不时地“采访”一下家人，或者大家把要收纳的东西都先摊出来，在举行家庭会议的过程中对物件进行评估并达成共识。

这里和大家分享几个小故事。

有一次去拜访一位夫人家发生了这样一件事。“哇，是小岛弘章呀！终于来了！首先来看看厨房吧。”夫人和我打着招呼开心地接待我。

但是，当我走进厨房时，看见一个并不大的台面上竟然有10罐番茄酱，这仅仅是我能看见的。我开始以聊天的方式“采访”起这位夫人。

我在厨房!

“有很多番茄酱啊！”

“我喜欢吃番茄酱呀！”

原来如此，是因为喜欢啊，我似乎有点理解了。

于是我问了夫人，她说这些她最喜欢的番茄酱是在附近超市每次搞活动时88日元一个囤起来的。

“平时要178日元，搞活动只要半价哦。”太太看起来很得意的样子。继而，我又在“采访”中了解到这位夫人不仅仅把番茄酱罐放在厨房，客厅也放了，于是丈夫很生气地说：“不要在有电视机的房间里放番茄酱罐！”所以夫人就把番茄酱罐又转移到卧室里，导致家里尽是番茄酱罐子。

当我一个一个检查如此重要的22罐番茄酱的保质期时，半数以上都快过期了。这也让夫人感到惊讶。因为，虽然只花了半价囤了许多番茄酱，但是半数以上的番茄酱都不能吃了，损失了一半呢。

我在卧室!

接着，通过进一步的观察，我发现这位夫人还很喜欢囤积卷纸。“这是什么？是为了防备石油危机吗?”夫人向我解疑：“因为便宜就买了许多。”但是就算再便宜，这种卷纸堆积到腰部，没有落脚地的感觉，还是很恐怖的。日用品差不多省了几百日元，确实节约了不少钱，但是每天都要在这样的环境下痛苦地使用，这让人很有压力。

“如果是我的话，与其花几百日元买便宜的物品，不如每天舒心地使用，这不是更开心吗?”夫人不安地问道：“但是，如果没有备用卷纸的话，用完了才买感觉有点令人担心呀，所以我才会买这么多。”“那么商店离家近吗?”“嗯，眼前就有一家超市。”“那也就是随时都可以买咯？”

通过聊天式的采访，我发现，这位夫人的“贮藏癖”背后有一个心理原因，即“物品用没了就很让人不安了”，而我们的聊天式采访让她很快就明白了“一周三瓶番茄酱就足够了”“卷纸一个月有10卷就没问题”继而也消除了“没有备存是一件恐怖的事”这样的不安。

假设我没有开始聊天式的“采访”，而只是一味地告诉她不能这么做，想必这位夫人并不能自己得出正确的答案。通过提问、讨论、启发这样的谈话步骤，相信不善于或者不爱收纳的家人也有“顿悟”的一刻。

喜欢囤积的家人往往都有这样的心态，“万一用完了，没有备用的就糟糕了”“反正便宜，先买下来再说”“这是贵重的东西，先收起来以后再用”等。我想建议的是，即便你了解这些，也请以聊天的方式“采访”一下家人吧。在培养孩子收纳能力的时候，也请先别急于给出答案和指令，而是请他们经过思考和反省，得出合适的答案吧。

具体要怎么操作呢？首先我们可以将家人聚集在一起召开家庭会议，如果有个别家庭成员无法聚集，则采取一一采访的形式也可以。采访秘诀是针对每个人、每个空间、每件物品进行提问。询问大家对于空间、物品觉得不满的 / 觉得满意的地方，用不同颜色填入表格。**满意的用蓝色笔，不满的用红色笔填写**。这样的采访可以带着孩子一起来做。

第 1 回　　**收纳采访清单**　　日期 201X · 10 · 1

把大家感受到的问题全写出来吧！

空间	大家的意见				
	名字 爸爸	名字 妈妈	名字 姐姐	名字 弟弟	名字
客厅	喜欢窗外的风景	喜欢沙发 大家把衣服和包放在沙发上	想摆上更多家人的照片	沙发妨碍到我玩玩具	
餐厅	桌上的东西很碍眼	端菜很轻松	桌上的位置导致去厨房要绕路		
卧室	斗柜很碍事	斗柜是有回忆的物品	伸手够不着衣柜深处	堆满了爸爸的东西	

像上方的表格设计起来也很简单，也能将大家的意见和想法表示得相当清楚。为什么要带着孩子一起来做呢？一方面这样能培养孩子参与收纳的积极性，培养他们的表达能力，增加家人之间的互动，另一方面有谁能拒绝对一个孩子打开心扉呢？

对于每个家人来说，某件物品应该在的“固定位置”需有所共识

在家庭会议和聊天式采访开始前，我们需要再三提醒自己的是，对于“了解全家每个人的想法”这一点，除了要理解某一件东西在不同的家人心目中的意义是不同的，同时，更需要理解的是，对于每个家人来说，因为使用场合、使用频率或者价值观的不同，某件物品应该在的“固定位置”也会有所不同。一般来说这个问题会产生在面对全家都会使用的物品上。比如钥匙、遥控器、药箱，甚至小到一个指甲剪。充分地对这些会共同使用的物品，在每个家人心中应该放在哪里有所调查和理解，有助于全家达成共识。在进行收育的过程中，这一点也特别重要。在孕育孩子的阶段，夫妻双方应该对今后共同协作养育孩子时会使用到的物品和它们该放的固定位置有所共识，孩子出生后，三个人甚至更多人一起生活，更要对这一点有所共识。在这方面多花些时间，能增进大家的互相理解，也为今后共同营造优雅舒适的家庭环境奠定扎实的基础。

首先要意识到，对每个人而言舒适的固定位置是不同的

对于“了解全家每个人的想法”这一点，除了要理解某一件东西在不同的家人心目中的意义是不同的，同时，更需要理解的是，对于每个家人来说，因为使用场合、使用频率或者价值观的不同，某件物品应该在的“固定位置”也会有所不同。

1. 记录下最常使用“物品”的场合。
2. 记录下“物品”的使用频率。
3. 记录下“物品”你觉得放在哪里最方便。
4. 记录下为什么放这里方便。

妈妈的调查表

物品	最常在哪里使用	使用频率	你觉得放在哪里最方便	为什么放这里方便
遥控器	电视机旁	**每天使用** 每周数次 一周一次 每月数次 一月一次 少于以上	沙发上	躺沙发上看电视，好拿
钥匙	门口	**每天使用** 每周数次 一周一次 每月数次 一月一次 少于以上	包包里	方便携带
指甲剪	卫生间	每天使用 每周数次 **一周一次** 每月数次 一月一次 少于以上	卫生间抽屉里	方便洗完澡剪指甲
药箱	餐厅	每天使用 每周数次 一周一次 **每月数次** 一月一次 少于以上	放在餐厅	因为在餐厅吃药，所以放餐厅方便

爸爸的调查表

物品	最常在哪里使用	使用频率	你觉得放在哪里最方便	为什么放这里方便
遥控器	餐桌	**每天使用** 每周数次 一周一次 每月数次 一月一次 少于以上	餐桌	因为我喜欢一边吃东西一边看
钥匙	门口	**每天使用** 每周数次 一周一次 每月数次 一月一次 少于以上	玄关	方便拿取不容易忘记
指甲剪	沙发上	每天使用 每周数次 一周一次 **每月数次** 一月一次 少于以上	茶几下面	因为方便
药箱	餐厅	每天使用 每周数次 一周一次 **每月数次** 一月一次 少于以上	客厅的高柜里	我们家以前都放这，习惯了

2

从哪里开始入手呢？从全家人的角度安排收纳优先次序

今天大家一起动手来收纳吧！可是，等等，我们要从哪里开始呢？玄关？厨房还是书架？想想每个区域都是浩大的工程，不由得又有点泄气了。这里我有两个建议给到大家。

1．收纳不需要兴师动众，完全可以从最简单的地方开始。

2．从全家人都能看到效果的重要区域开始攻克难关。从哪一个开始，完全可以自己根据实际情况来选择。

从抽屉开始吧

通常来说，我会推荐“**从经常使用的一层抽屉**”开始整理吧。先从低门槛的短时间行动开始是非常重要的。

把一层抽屉里的物品按照“**摊开→分类→收起来**”的流程大概5分钟就可以完成。但是效果却会非常明显。

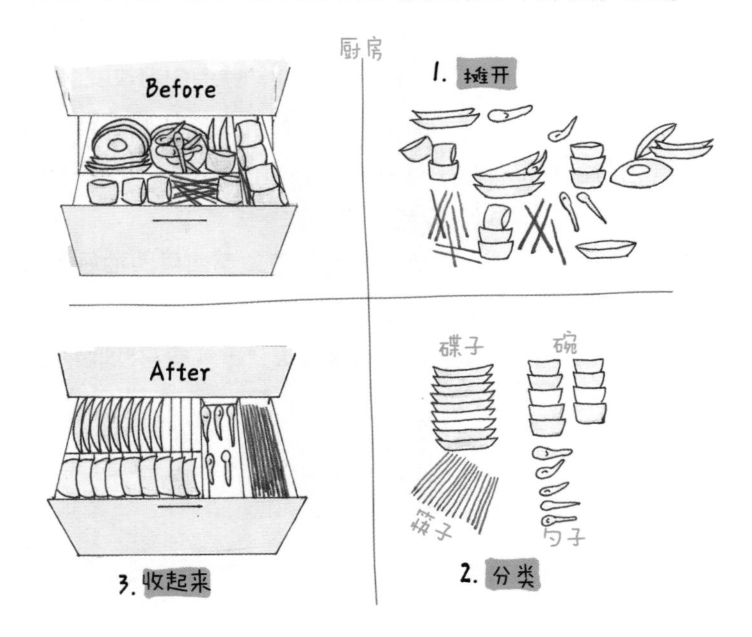

因为经常使用，收纳完后的那一天很大概率会打开这个抽屉。打开的瞬间就会觉得："哇！好干净，感觉心情也变得好了呢。"

接下来就会出现："比以前任何时候用起来都方便了呢。"这是在看了第二眼后的感想。

之前是"正在使用的物品"和"不使用的物品"混在一起放，现在是变成只有"正在使用的物品"的状态了。

不会再去浪费时间寻找物品，这样的压力消失是可以马上感觉到的。

这个可以体验得到的"效果实感"，对于想要变得擅长收纳的人来说，是非常重要的。

人们就是会因为感受到了效果，才会向前进步的。那些被别人说了很多次："请好好整理收纳下吧"的人，只要自己有过一次"我自己也可以做到，而且试了试感觉心情变得不错呢"的体验机会，就会向前改变。

当我们整理完一层的抽屉感觉用起来方便许多后，便得到了这种积极心态，**于是就会产生"收纳下第二层的抽屉吧"的心理转变。**

第三层的抽屉，第四层的抽屉，当把所有的抽屉都收纳完后，就开始着手衣柜、书柜，就像这样，渐渐地收纳范围就会自然越来越大，就变得喜欢收纳了。

收纳 = 快乐的事

很多不擅长收纳的人会抱着这样的内心负担：“从小就不会好好地收纳。”造成这样的原因很可能是偶然一次的收纳顺序弄错了而导致的挫败感。如果家人有这样的负担，就请从最常用的抽屉开始，亲身体验“原来自己也可以做到”。这就是从“经常使用的小地方”开始收纳的好处。

相反，如果想一上来就大干一场或者突发奇想，要从“放置不常用物品的区域”开始着手收纳，那么一定会失败的。

如果从衣柜上的顶橱开始收纳的话，尽管一开始干劲十足，但是光是把物品全都拿出来就累得不行。好不容易把顶橱收纳完后，下次再打开大概就要等个一年半载，一旦看不到效果，曾经做出过的努力就很容易被忽视了。

从抽屉、冰箱、鞋柜、首饰盒等这些每天都会使用的区域开始收纳吧，这些小型的区域会回馈你相当大的方便和快乐。

经验谈

只有感觉到收纳是容易的事，才能打开快乐收纳的开关。
只有体验到“收纳 = 快乐的事”，才会擅长收纳。

从重要的区域 / 物件突破吧

重要区域是指同时影响到多个人的区域，重要物件是对某个人或者某项家庭活动影响程度较大的事情。

以重要区域来说

如今大家习惯把餐桌当成办公桌和书桌来使用，特别是有小孩子的家庭，场景往往是妈妈在厨房忙碌，孩子在餐桌上做些手工等爸爸回来一起用餐。晚餐之后，爸爸会在餐桌上处理邮件，而孩子则会在妈妈的陪伴下完成当天的作业。如果餐桌得不到很好的收纳，就会出现餐具占据了一定的桌面空间，孩子写作业和爸爸用电脑的地方变得很小，杯子不小心被碰倒这些情况，餐后爸爸也没地方工作啦，就连一家人吃饭的时候也感到很不舒服之类的情况——餐桌杂乱，同时影响了全家人，因此可以理解为是比较重要的区域。同样的，像洗手间、衣柜等也都是全家共享的区域，从这样的区域开始整理，能够使全家都感受到收纳之后带来的方便。

“可以将重要文件分类收纳在固定的抽屉里，用标签机对每个人的文件、单据进行标记。”

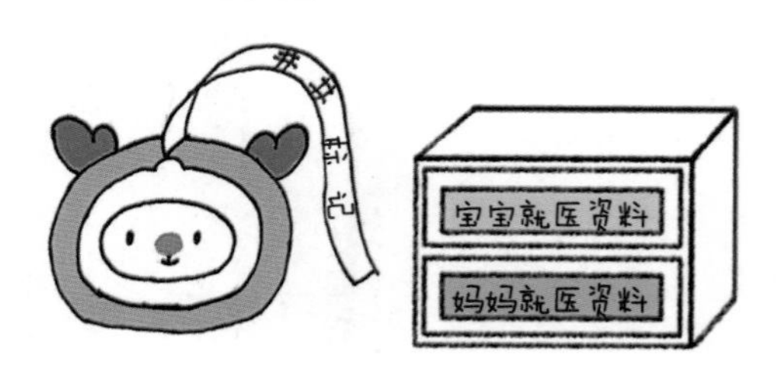

以重要物件来说

重要的文件、单据等往往是家庭中不一定每天都会接触，但是需要时往往情况又特别紧急的东西。家电的说明书、保修卡、孩子取得的证书、家人的医疗卡等，如果被随意放置，很有可能在突然需要的时候一下子找不出来。这些重要物件也是需要定期进行清点和整理收纳的。

3

全家想象理想的生活方式然后行动

经过对家人的采访、全家一起的讨论，相信家庭成员们一定会对未来家里的空间规划、环境布置、物件收纳等达成共识。共同想象理想的生活方式，然后再展开行动是非常有效的做法。绝对不可以随意挪动他人的物件，更不可以偷偷扔掉哦。一定要尊重所有家人的想法，一起商量着来。

具体说来，大家可以通过这样几个层面进行想象和规划。

从固定位置开始划分和设定空间使用方法

我想，不论是哪一户人家，都有这样的“固定位置”：这里放大家使用的毛巾，这里放小孩看的绘本，这里放父亲喜欢的户外活动用具。也就是说这些“固定位置”组成了这户人家“什么东西在哪里”的“收纳语言”，他们通过固定位置形成了“全家人都知道”的法则。

把物品放在经常使用、方便拿取的地方，是收纳原则中的重中之重。因为拿取方便，自然也就节约了大量的时间和精力。

相反的，室内乱糟糟的家庭有一个共同点就是物品摆放的“固定位置”特别奇怪。我经常遇到这种情况：**在卧室的衣橱中放着家庭药箱，厨房里有长筒靴**等。“为什么要放在这里？”不由自主想吐槽一下这些“固定位置”。

不要浪费收纳中的黄金区域
这是收纳的一大原则

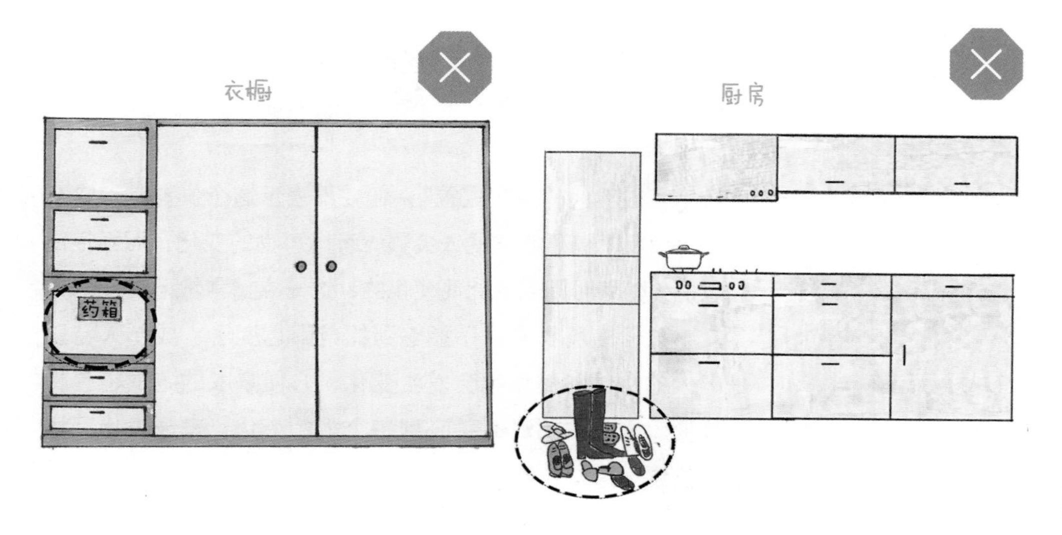

我想，药箱放在大家都聚在一起的客厅里，长筒靴放在玄关处用起来会比较顺手吧。物品放在正在使用的地方，这是收纳的一大原则，简言之，就是在哪里使用就放在哪里。

还有，把物品“收起来”继而“放在哪里”的具体位置也很重要。就以身高为例吧，小孩子是无法拿取放置在书架高处的绘本的，高个子的父亲拿取最下面抽屉里的换洗内衣也是很不方便的，或许这样每天拿取内衣，腰都会痛的吧？

在专业的收纳中有这么个说法：**从视线到腰部的位置是最方便拿取物品的位置，也就是收纳中的“黄金区域”**。经常使用的物品应该放在“黄金区域”。那些不擅长收纳的人，大部分没有意识到“黄金区域”，就随便给物品一个“固定位置”。常用的物品被放在不方便拿取的地方，黄金区域却又占满了随意摆放的物品，久而久之，物品长时间没办法收纳起来，就变得凌乱了。

区域划分需要预见事物的变化

尽管被称为“固定位置”，但并不表示这个位置是一成不变的。相反，善于收纳的人会预先考虑事物的变化，而固定位置也是会随着时间的变化而变化的，这一点请常常记在心里。

小孩子随着长高，手能够到的范围也变了，成年人特别是老人的身体和健康也会发生变化，方便拿取的范围也会相应改变。家人需要时时关心到每个人的变化，来调整物品摆放的位置，这样才能舒心地生活。

“固定位置”并不会一成不变

而且，家人的兴趣和努力的目标重点也是会改变的。如果有喜欢音乐的人，把喜欢的 CD 放在最容易拿取的 CD 架上是最好的。但是，喜欢什么样的音乐和什么样的 CD 是会变化的，如果“固定位置”一直不变的话就变得不方便拿取了。

更进一步说，如果家人的兴趣从音乐转为植物了，那么放置 CD 的架子，相应地，也应该调整为摆放盆栽的架子。或者，重新在家中调整布局，为新的兴趣寻找到属于它的“固定位置”。

我认为，放物品的位置会体现出一个人“对什么关心”和“价值观”。除了兴趣，当一家人有需要努力达成的目标时，空间的划分也应该相应有所调整。比如，即将迎来新生儿，孩子计划以架子鼓作为特长开始训练了等等。对于空间的重新规划就显得格外重要。

所以，在一个家庭开启一段新的旅程时，相应的重要物品也应该规划在最容易拿取的地方，这样也会方便收纳，每天的生活就会变得很愉快。也就是说，物品的“固定位置”会“更新”，这一点非常重要。就以孩子的书桌为例吧，如果这一段时间里，孩子设定的目标是考取一家好的学校，那么书桌上就应该重点突出地摆放书本、练习册、笔记本等。每一天，在一张整洁的书桌前坐下来开始学习，也会使孩子感受到清晰的目标，从而更加集中注意力，条理清晰地开始复习迎考。

“自己回家后也很少感到开心。”这样的人说不定是很多年都没有更新物品的“固定位置”了。试着全家人一起畅想和期待一下未来的生活场景，收纳和调整一下家中大大小小的物件，每天都怀着愉悦的心情生活着，就算是以前不擅长收纳的人也会变得积极起来了，不是吗?

请重视从腰部到视线的黄金区域

说起拿取物品最方便的区域，大概就是使用者从腰部到视线的高度。比这个高度再高的位置，使用者就会增加手腕上举的动作，比这个高度低的位置，使用者就需要弯下腰，甚至必须要坐下来。

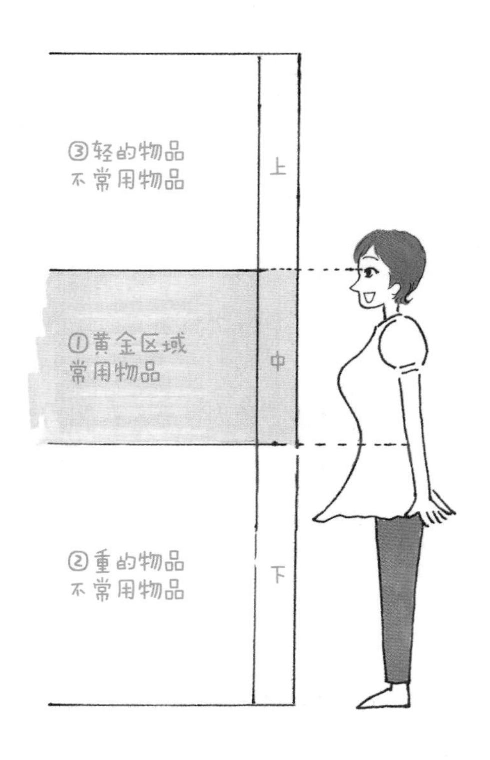

大家务必要建立“重的物品放在下面，轻的物品放在上面”的意识

在收纳物品时我们就要意识到，站立状态下方便拿取物品的区域就是“黄金区域”，要好好珍惜这个区域。正确地把“经常使用的物品”放在这个区域，拿物品时就会觉得很方便，放回物品时也不会觉得有多麻烦，就会减少物品随意乱放的情况了。

有调查显示：“比起拿下面的物品，拿上面的物品更有压力。”根据这样的情况，我们把经常使用的物品的优先摆放顺序定为：“**中→下→上**”。

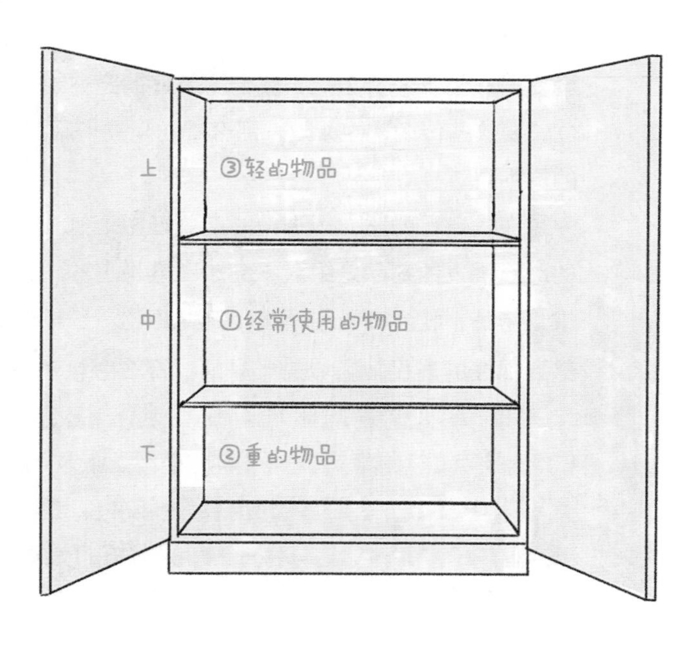

黄金区域收纳得很整齐 整个家才会干干净净

大家务必要建立“重的物品放在下面，轻的物品放在上面”的意识。如果把重的物品放在上面，拿下来的时候就比较费力了。

开始养成把经常使用的物品放在黄金区域里的习惯吧，但也必须提醒大家，并不是所有的物件都可以随手放在黄金区域。正因为是黄金区域，我们才需要加以珍惜地利用它。

黄金区域是指从腰部往上到视线这个区域，那么玄关的鞋柜上、厨房的料理台、餐厅的桌子、工作桌，这种在腰部高度的家具，不经意间就会在上面放置物品。回想一下，是不是经常把从邮箱中取出的邮件或者钥匙等小物品放上去?

只有我们把“从腰部到视线的高度”区域收纳地很整齐，整个家才会变得非常干净。为此，我们要好好制定并执行一些规则。如果不好建立“要放些什么”的原则，那么不妨建立一下“这里绝对不可以放东西”的原则吧。

在我自己的家，一进门的玄关鞋柜上是“只能放花”的规则。回家的时候手上的物品是绝对不会放在鞋柜上的。为了不让鞋柜上被轻易地堆放物品，我会在正中间放上一盆植物。一进门的地方能够保证“从腰部到视线的高度”区域是干净的，那么心情也就会很美丽。**玄关是一个家庭特别重要的区域。一个整洁的玄关，可以让家人在出门和进家时精神为之一振。相反，一个杂乱的玄关则会让家人在出门和进家时都觉得乱糟糟的，感到今天也没什么目标或者“好累啊”这样的情绪。**好好打造家里的玄关吧，不需要太复杂的装饰，只是收拾干净就能让整个家里变得元气满满的。

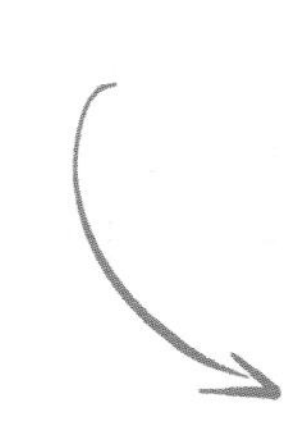

好的
玄关

简化收纳步骤

接下来还想提醒大家注意的是：给每一件物品的收纳场所定下规则，并努力使收纳步骤简单化。

在家里，很容易找不到的物品是手机、钥匙、遥控器、充电器。这些物品犹如经常迷路的小孩，一年到头都因找不到它们而陷入自我怀疑。你自己是不是也有这样的情况?

遇到这种场合，我们可以在百元店买一个小的收纳筐，把这个筐作为回来时放手机的地方。也可以把充电线和充电插头贴上配对的颜色标签，并收纳在专门的区域。

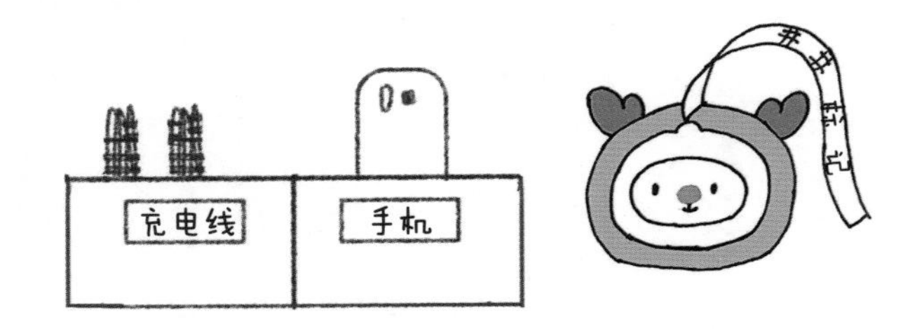

有一种困惑相信大家都有，那就是原本都收纳在一个固定区域的物件，几天下来就跑得到处都是。我想提醒大家的是，物件是不会自己“跑”的。这样的情况发生了，就需要思考是不是收纳的步骤不合适这样的物件。以女士的项链为例吧。女士的项链也是一件经常会被大家放到**“从腰部到视线的高度”**区域的物品。但它们不是应该待在首饰盒里吗?

为什么会放在黄金区域，而不是别的地方，是因为“收纳起来很麻烦”吧? 为什么觉得收纳起来很麻烦呢，大概是因为需要收纳的步骤太多了。

想象一下佩戴项链的场景。当你要出门的时候心情是不错，打开衣柜，拉开首饰抽屉，打开首饰盒，从中拿出项链，然后再把首饰盒放回去，抽屉推回去，关上衣柜。看上去都没问题，一切都是顺水推舟。

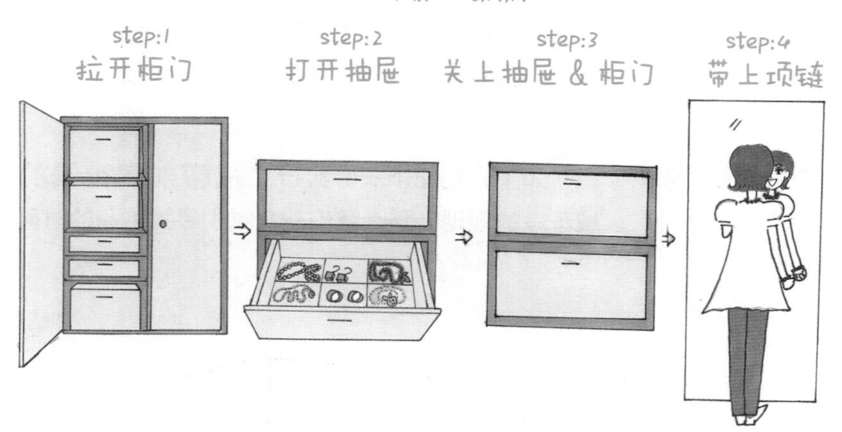

但是当你回家的时候会怎么样呢？一天的工作结束后，身心都已经很疲惫了，想着还要打开衣柜做我刚刚说的那些步骤是非常麻烦的，于是就把项链随手放在外面。看上去这件事就结束了。由于每天搭配衣服不同，久而久之，黄金区域就会堆放各种从盒子里取出来的首饰。

所以说，越是频繁使用的物品，越是一定要减少收纳的行动步骤，这是一项铁律。我觉得收纳项链最合适的步骤就是**“只要挂上去就可以收纳完毕”**。

疲惫的一天后……

我们可以在百元店购买碗碟架（可以竖立式收纳碗碟的架子）只要把它固定在衣柜的壁面上，把首饰挂上去就可以，所以我们只要做到拿取容易，而且项链不会绞在一起，我们挂项链也很方便。

如果我们能下决心实行**“从腰部到视线的高度”**区域干净的规则，那么我们就会减少寻找物品的时间了。

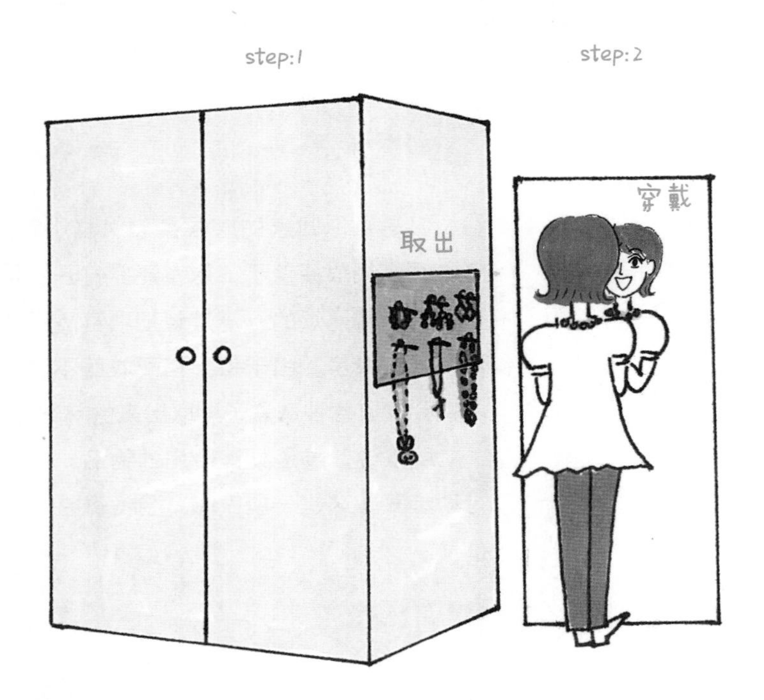

用橱柜来练习可视化划分

收纳柜体的种类不同，拿取的方便程度也有变化，因此对其进行的空间划分也将随之发生变化。在橱柜、衣柜这种有“门”的收纳柜体来做可视化划分就相当重要了。

根据门是怎么开的，方便拿取物品的位置也会发生巨大的改变。前面我们从纵向角度说了**“中→下→上”**原则，那么现在从横向角度来看一看吧。

比如，有些橱柜的门是从中间向左右对开的，最方便拿取物品的地方就是中间，越往左右两端，越难拿取物品。

如果是左右方向的移门式橱柜该怎么做呢?

和左右对开门正好相反，移门式橱柜在左右两端拿取物品是最方便的，反而中间是要费些功夫拿取的。

尽可能减少拿取常用物品的步骤，这是让自己变得擅长收纳的捷径。

那么，根据“方便拿取物品”这个观点，把纵向排列和横向排列组合起来会怎样呢?

先从移门橱柜开始考虑。纵向排列基本上是以“中→下→上”为主，横向排列分为“中间”“左边”“右边”三部分 。在这其中最难拿取物品的地方应该是中间，但是“左边”和“右边”哪一边更容易拿取呢?

这个则要根据房门、移动路线、惯用手是哪只等方面决定的。

图中的数字是从最简单到最难的顺序。看着这个顺序，我们意识到平时经常使用的物品放在①②地方，没那么常用的物品是③④，基本上不用的季节性物品是⑤⑥，如果按照这样的顺序摆放物品，那我们拿取物品的时候就会变得很轻松了。

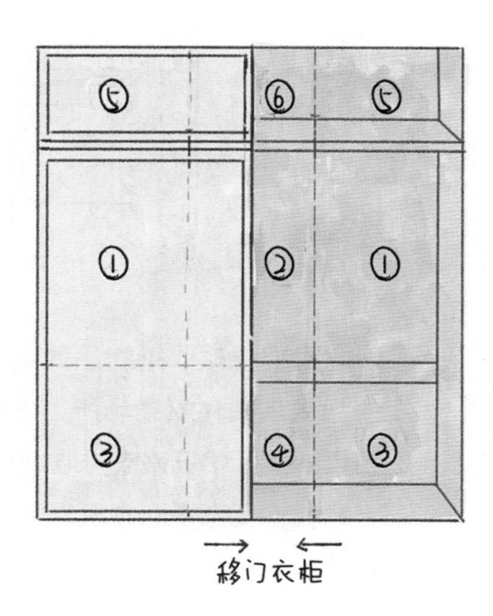

我们要意识到拿取物品方便的位置
这样才能做好收纳
保持房间干净不凌乱

当橱柜的门是从中间向左右对开，那么当然我们要改变下顺序。纵向排列“中→下→上”不用改变，但是横向排列要变为“中间到两边”。

正如下图所示，当 9 等分的时候顺序会有改变。

使用最方便的收纳场所是中间，其次为其左右。以衣柜为例的话，衬衫和夹克衫这类经常穿的衣服就应该放在中间。

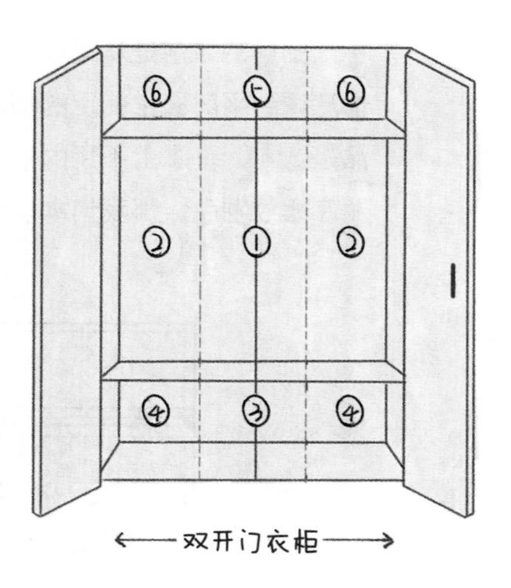

我们根据收纳物品的重量和使用者的身高以及各种各样的考量来变化收纳场所，当我们牢记这一点后，就请大家以自己的实际情况来安排收纳场所吧。

我们要意识到拿取物品方便的位置，这样才能做好收纳，保持房间干净不凌乱。

全家人动线

在上文中，不断被提到的有“固定位置”“黄金区域”，除此之外，围绕这些每天都不断在进行的动作，构成了收纳中另一个重要的概念，即“动线”。如果想要全家人共同参与到收纳中来，那么全家人的动线就必须被考虑到。如何考虑动线呢？我以一个故事来说明，如何通过考虑动线来规划物品的放置。

垃圾桶的故事

能够灵活使用垃圾桶，是擅长收纳的必要条件。但是，出乎意料的是这件小事，没想象中那么简单呢。

垃圾桶的合理使用最重要的是，考虑其所在的场所和摆放的位置。

“扔垃圾就要扔进垃圾桶里。”这是一句听上去很理所当然的话，但是做不到的人却比比皆是。就连倒垃圾都觉得麻烦，等到有所察觉时，家里已经尽是垃圾了。这是很多不擅长收纳人士经常遇到的。

有一次，我拜访了某个偶像团体的Y小姐家，她正好就是这个类型。Y小姐非常开朗也很可爱，但是超级不擅长收纳。

当我刚走进她家时，铺天盖地的是垃圾袋，但是类似于垃圾箱的容器，我却到处都没看见。

“家里没有垃圾桶吗？”

“是的，没有垃圾桶。”边说着，Y小姐把刚刚产生的垃圾随手放在地上。

“哎？就扔在地上？这样不会让地上全是垃圾吗？”

“如果地上的垃圾累积到一定程度时，我会把它们装进垃圾袋里。这样一次性就可以解决了，不是吗？”

也就是说，比起一点点往垃圾桶里扔垃圾，一口气扔许多垃圾到垃圾袋里，看上去好像是比较“省力”的样子。

“原来如此！确实是您这样的方法更省事儿。但是，这怎么行呢！”

就像例子中的那样，Y小姐因为省扔垃圾的功夫，所以导致房间里到处散落装满垃圾的垃圾袋。因为没有下脚的地方，所以房间在很大程度上都没有好好利用，看上去很不方便……

像Y小姐这样没有一个垃圾桶，是极端的例子，但是明明有垃圾桶还满地乱扔，或者一家有几个垃圾桶，但只有一个垃圾桶里的垃圾是比较多的。这种不能好好使用垃圾桶的情况还是很常见的。

我想不能好好使用垃圾桶的原因大概是"光是把垃圾扔进垃圾桶，就已经挺麻烦的了。"

窝在沙发上看电视，当你想要扔擦鼻子的纸巾时，如果不想特意站起来走到垃圾桶那里，你会怎么做？

"过一会儿再扔也行，"一边想着，一边朝垃圾桶的方向丢纸巾，就算明明扔不中，也会往那边扔。果然，没扔中。接下来会怎样呢？大家都知道了。

保持整洁的关键之一，是把垃圾桶放在便于扔垃圾的地方。有垃圾的时候瞬间就能很方便地扔进垃圾桶里，这样家里就不会到处散落垃圾。

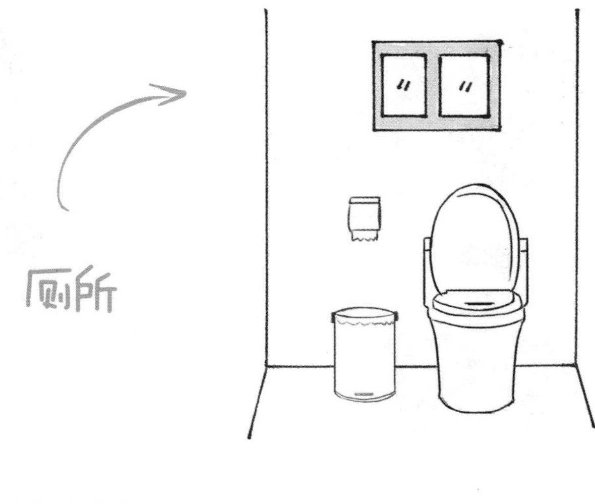

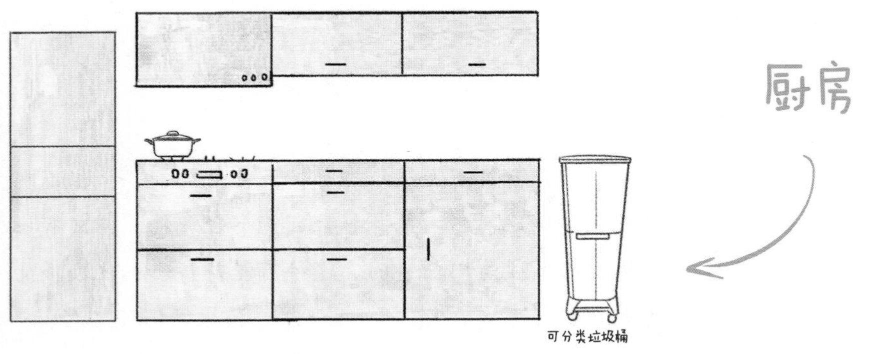

产生垃圾的时候大部分情况下都是把垃圾拿在手上的。最理想的状态是垃圾桶的位置合理，能立刻让垃圾离开手。

如果必须要刻意从房间的一角走向另一角，或者必须要从沙发上放弃休息站起来，立刻去扔垃圾，这样的话，就会造成没有扔垃圾的欲望了。“哎，算了，一会儿再收拾吧。”一边说着，一边不注意地扔在一边，事情就变成这个样子了。

所以我想大家可以从全家人的角度仔细观察一下每位家庭成员平时都是什么时候、在哪里产生垃圾的。

比如妈妈每天早上在卫生间洗脸，涂抹护肤品的时候会产生废弃的化妆棉，这个时候不妨在洗手台下面安放一个小的垃圾桶。而孩子常常在书桌前画画、做手工，那么是不是在桌子下方放置一个能扔铅笔屑、废纸团的垃圾桶会更好呢?

这个时候“方便扔垃圾”也是个关键。

右撇子的人就把垃圾桶放在右边，这样扔垃圾绝对方便。再加上根据我的经验，不太大的垃圾桶不会造成“垃圾就一直放在里面”的心理，从而更加没有心理负担。

补充一点，垃圾袋的保管方法也是垃圾桶的收纳秘诀。这里面也有“动线”的问题。

认为每次扔垃圾的时候都要更换垃圾袋是件麻烦事儿的人，是因为要替换的垃圾袋离垃圾桶太远。这种情况很常见。

收纳的基本原则是“尽可能省去不必要的行为”。**我会在垃圾箱底部套好几层垃圾袋**。每次垃圾收集日之后把整个垃圾袋从垃圾桶里拿出来扔掉后，新的垃圾袋会自己露出来。这么一来更换垃圾袋也变得容易了，请大家务必试试。

以此类推，在收纳厨房的时候，考虑一下经常下厨的人的动线，在布置婴儿房的时候，考虑一下照顾新生儿如喂奶、更换尿片、哄睡等动线，在整理书房时考虑到拿取书本、在书桌前写作等动线，都将使全家人的收纳思维变得清晰有效。

Section 2

让全家人一起理解收纳

对待同一个空间或者一件事物，每个人产生的想法是不同的，这里我们必须意识到这种不同，并且承认它的重要性。

比如，在别人看来只是一个旧旧的绒毛玩具，但是对孩子而言，也许它是能给他 / 她带来安全感的宝贝。比如，在别人看来只是一件快要穿坏的衣服，但由于这是父亲喜欢球队的周边，那么其纪念意义很显然是超越其使用意义的。所以，当面临要处置一些物品或者重新规划家里的空间时，意识到每个人的想法是有差异并且都很重要，是开始愉快收纳的前提。

意识到每个人的想法
是有差异并且都很重要
是开始愉快收纳的前提

要尊重家人的价值观，相互商量

不擅长收纳的人有个共同点就是“认为扔掉物品是一件很恐怖的事”。

有些人因为身边没有许多物品就觉得不安，他们就会认为“收纳＝必须扔掉物品”，于是觉得有点害怕。

当我抱着收纳的目的去拜访人家时，有时会受到非常强烈的拒绝情况：“不要！不要！不要进这个房间！”

所以，一开始，我一定会说：“什么都不扔也是可以的。”

因为如果内心明明留恋，却强迫自己扔掉它，心会受伤的。如果心受伤了，反而会起到反作用。当决定要丢弃一件物品时，请好好地发自内心和它告别，这真的是件很重要的事情。

所以，当面临家人舍不得处置一些物品时，

首先，“丢弃”这个词请尽可能地不要使用，

其次，请理解并尊重家人的心情。

说到“**丢弃**”，总感觉会有和物品“**一刀两断**”的严重后果。感觉要有种“非常大的诀别”。比起这些，我们可以尝试“毕业”“告别”“嫁出去”的说法。在处理完物品后，光在言语上有意识地安慰自己“受伤的”心就能很快乐地生活。那些“只要想到扔掉物品就心情非常沉重”的人请一定要试试看上述办法。

那么，实际行动上的处理应该是什么呢?

家人们可以在对物品进行“分类”时，一起商量“**不使用的物品**”要怎么处理。

这其中有，“快到使用期限”的物品、“怎么看都不像是要用的”物品，很明显，这些都是没用的物品，那就干脆地和它们告别吧。在收垃圾的日子里，把这些一口气扔掉吧。

接下来，在剩下的物品中试着考虑把这些物品“**嫁出去**”吧。如果这些物品是“**自己不会再用了，但是物品本身还可以再使用。**”我们可以把它给需要使用的朋友，卖给或者捐给可以重复利用的回收店，跳蚤市场以及拍卖行等等。给那些使用的人就可以解决“因为还可以使用所以不想扔掉”的困扰。具体送给谁，如何回收也请多听听物品主人的想法。对于那些想在回忆时留下些许纪念的物品，不如我们给它拍照，这是个非常有效的方法。

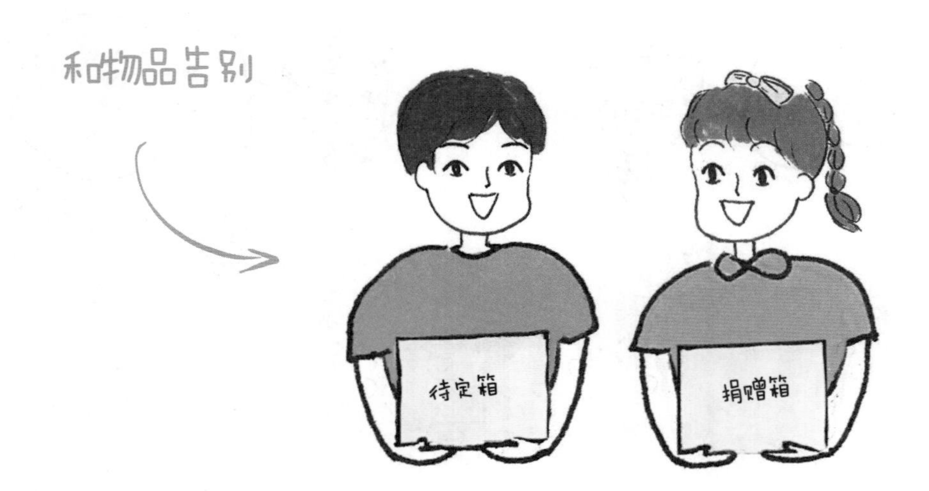

好好地将物品处理掉，也是珍视物品的行为。

有些人试过了“把它嫁出去”的方法，但还是无法处理掉一些物品，不妨可以准备一个纸箱当作“临时安放”的纸箱。

我把这个纸箱叫作“待定箱”。

在往“待定箱”中存放物品时要注意两点：

第一，定下时间期限。

在箱子的表面上显眼的地方写下暂时存放的物品（例如“爸爸的衬衫 / 短裤”“妈妈的毛衣 / 连衣裙”，写下具体的名称是关键），以及存放的起始日期（例如 2020 年 12 月 28 日，日期要写得清楚！）还有要写下一年后的“保管期限”的日期（例如 2021 年 12 月 28 日）。

虽说是“**暂时保管**”，但是为了避免一直放在那里“生根”，很重要的一点就是要定下“一年之期”。

作为“**分类**”步骤后的结果，在箱子里放的物品都已经是“一年以上都没使用过”再加上又要迎来新的一年之期，就变成两年都没有使用过。

在整理冰箱时看到超过保质期的物品就会毫不犹豫地处理掉。同样不可思议的是，人们只要有了清楚的时间期限，就可以很快地下决定。设立“期限”就可以很快乐地处理物品，是一个非常有效的办法。

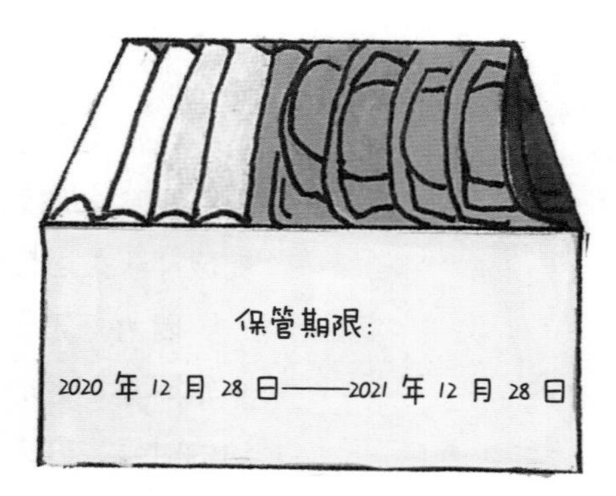

第二，要将箱子放在醒目的地方。

放在离玄关较近的地方，卫生间的入口处，客厅的电视机旁边，反正就是要放在当看到它时觉得有点碍事的地方。这一点非常重要。

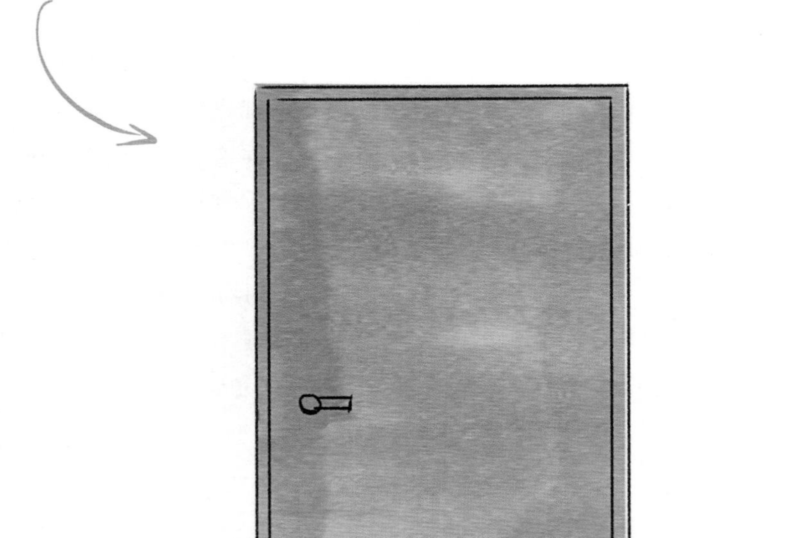

经常会有这样的情况，把箱子放在抽屉里，卧室的一角，视线不会太注意到的地方，那么“待定箱”的临时摆放地就变成“永久居住地”了。

因为把箱子放在很容易看见的地方就会产生“总感觉这个很碍事”的心理，就非常想尽快处理掉箱子。当有人来拜访的时候，客人会问道：“咦? 这是做什么用的? 我好像可以用啊，能给我吗?”于是很自然地，我们就把这些物品“嫁出去了”。

养成思考

我自己会把这样的箱子放在玄关处，会给里面的每一件物品附上便条，我会写下我觉得我送给 ta，ta 会很高兴的人名字。

“可以给谁使用呢?”养成了思考“物品的收件人”的习惯，渐渐地就可以将物品处理掉，更加开心地生活。

因为这样的原因，那些一时无法说再见的物品就可以灵活使用暂时保管用的“待定箱”。

“一年的期限”，“放在醒目的地方”这是关键。

当一年之期过去，面对这些两年都未曾使用过的物品就可以下定决心处理了，但是如果还是“呃，我还是很犹豫啊……”不舍得扔该怎么办呢?

那就再增加一年。

现在有没有放下心来?

虽然重复操作，最重要的是能让心里接受处理物品。

就算超过了当初决定的期限，但是不考虑内心的不舍得就直接丢弃，这样反而不好，我是这么认为的。所以，延长期限是可以的。

期限延长之后，又到了一年之期，这个时候已经变成了三年没使用的物品。

“三年”是一个很好的区分单位，最后剩下来的物品也已经能够很爽快地，微笑着和它们告别了。
认为“扔掉”是很恐怖的人，也可以保持好心情减少不需要的物品了。

2

全家人一起收拾的家，更有凝聚力

我帮助很多人家进行家庭收纳，说到能让我感受到收纳之后最开心的瞬间还是当太太和家人笑着说："收纳之后好高兴，心情变好很多了呢！"

当每天都生活在"收纳得干干净净，要用什么都可以便捷地拿到"的环境时，人们真的会露出满足的笑容。

我有时候会觉得，大家一边露出闪亮的笑容，一边说着"变得有干劲了呢！"的笑脸，和我在多口相声中表演时看客们的笑脸很相似。

我觉得相声和收纳有着异曲同工之妙。大家都能开心地露出笑容，都能变得有精神。正是出于此，我要成为"收纳专家"的使命感越来越强烈。

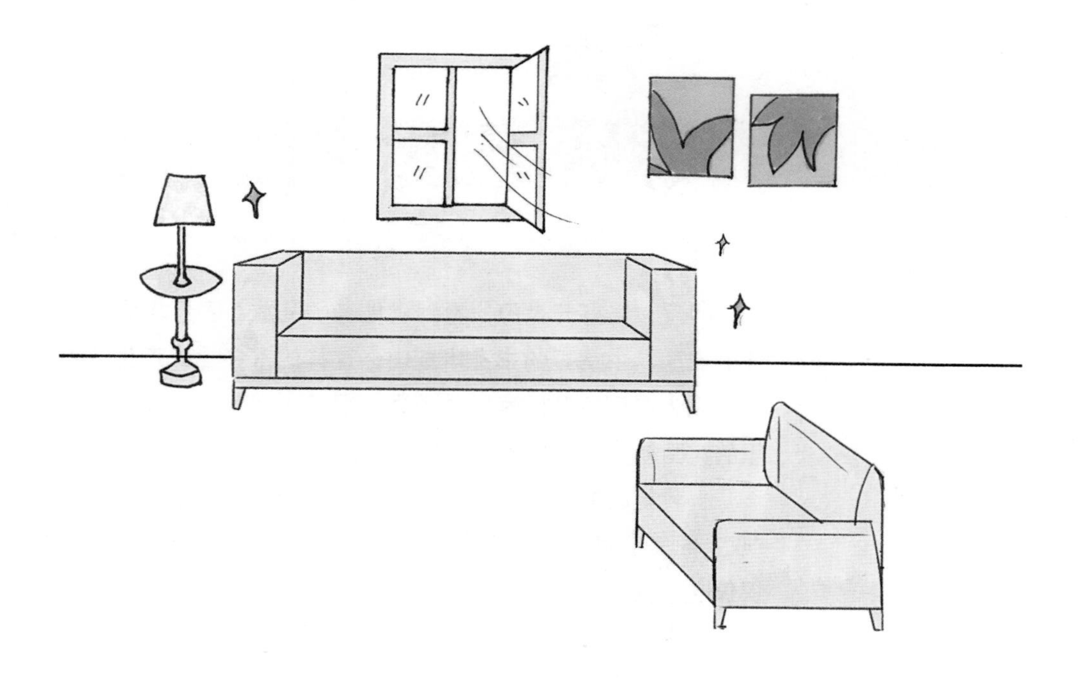

干净整洁的家

当今社会因为人们想“打起精神”，所以去“能量景点”旅游开始流行起来，比如说可以看见神秘自然景象的观光地、神社寺庙、时尚的景区酒店。如果没办法去旅行，日常生活中因为“想要一个能治愈身心、让人放松的空间”而去咖啡馆或者瑜伽馆的女性也越来越多。

但是，请等一下。说到“能治愈身心、让人放松的空间”，在根本上，离自己最近的地方应该是？

那就是 JIA——家，自己的家！

不论一年付多少租金，我想如果我们自己的家能营造出一个没有压力的气氛，我们每天住在家里就能让自己放松下来，就会有着“明天继续加油”的干劲，并且这种力量将源源不断地涌出来。这样的想法大家是不是也会有呢？

所以说，“让自己的家变成世界第一的能量站吧”是我和大家想一起完成的目标。

实际上，当打开窗户微风吹进来，明亮阳光洒满收纳后的房间，总感觉这是个很不错的家呢。

交换能量的家 让这样的家成为能量站吧!

相反，当打开大门，看到满地鞋子乱放、客厅堆满了要洗的衣服、书房里的书乱堆成山，这样的家会让人产生“不想让别人看到凌乱的家”的心理，很多人就会拉上窗帘，家里的氛围就显得更加阴郁低沉了。

当我帮助屋主收纳完这样的房间后，他们会很惊讶地说：“哎？原来我的家可以变得这么明亮？”这种情况经常出现，仅仅收纳就能让房间变得明亮，真是有趣。

不仅仅风与阳光会照进房间，还有……

没错，还有“人”。

当房间收纳整齐后，家就会发生改变。家里的环境变好了，人也变得愿意和别人交流了。“要不要来我家吃饭呀?”“周末要不要邀请你的同学来家里玩呢?”家人们会发出邀请，或者会在家里举行派对。在这个能好好交流的房间里，正能量就会产生。

能够让身心放松、和同伴一起交流，交换能量的家，让这样的家成为能量站吧！

3 积极鼓励和指出不足的方法

只要家人参与了收纳，即使只做了一点，就要给予他们认可和表扬。尤其是当家人收纳了公共区域的物品，一定要用语言表示感谢。还记得之前的家庭会议调查表格吗？不妨在收纳之后对其再做一次回顾调查，看看家人们的想法是不是都达成了，效果是不是都十分满意。可以拍一些漂亮的照片附在表格后面。时间久了，收纳的次数多了，家里一步一步变得整洁的过程被记录下来也是相当大的激励。

当家人做得不够好时，要帮助他们找出他们不会收纳的原因。不要问“为什么你做不好”，因为这种问法听起来是在追究责任，而是要问“你想怎么做”“你困惑的问题是什么”，从而找到真正的原因，并提供相应的支持和帮助。尤其不要简单地对家人说“快收起来吧”之类的话，要和家人共同找到方法。有时把一个空间里的东西仅仅是拿出来进行清点也能达到收纳的目的，这比简单地说“收起来吧。”要来得有效很多，家人也会渐渐明白收纳的奥秘所在，不知不觉甚至能积极地发动更多次数的家庭收纳活动呢。

笔记

实践亲子收纳之前你需要做哪些

Section 1

关注你自己，正面了解现在的你

把收育作为日常生活必不可分的一部分，每日、每周进行实践，持之以恒地做下去是需要在心理上做好充分准备的。首先要做好的准备就是不再拖延，从今天的这一刻起立即去做。

下面的这些逃避、拖延的借口，请反省并避免吧。

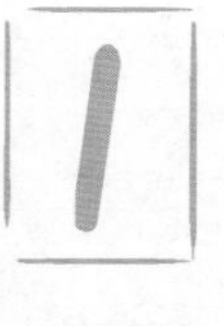

没有时间

收育可以是用一整段时间来做，也可以利用碎片时间来做。即便每天整理家中的一个小区域，坚持一个星期也能看见效果。

没人帮忙

收育需要全家人共同来参与，是指要从全家人的需求、动线来考虑实际的操作并且全家人参与到收纳工作中来。但并不意味着一个人或者一个人带着孩子的时候不能进行收纳和整理。

收纳过后又会复乱

收育的一个重要精神就是珍惜物品、珍惜与家人共同营造的良好环境。有了这份珍惜，还用担心收纳完了又会乱掉吗?

我天生就是这样 / 我是神经大条的 xx 座

一切的习惯都是后天养成的。从今天开始养成良好的习惯吧。

Section 2

自我分析你的收育烦恼类型

以上的借口，不如说是一些关于收纳工作的烦恼吧。这些烦恼和习惯不仅会影响我们自身，还会干扰到与孩子共同进行的收育。孩子是如何变得不会收纳的？我对其原因进行了一些归纳和分析，有些家庭可能属于某一种类型，有些家庭可能是几种类型的混合体，但不管怎么样，只要了解了问题产生的原因，我们就能找到应对的办法。

收育烦恼的类型往往有以下几个：

1 依赖父母型

因为担心孩子动作慢或是达到目标有一定的难度，有些父母会直接代劳，帮孩子收拾，长此以往，孩子不知道如何整理收纳，有些也陷入了“反正大人们会帮我收拾”的心安理得的状态中。

2 环境不足型

尽管孩子会主动整理，但是对他们来说房间有时因为设计布局上的不足可能没法收拾。如果母亲和孩子都很愿意进行收育，但家中其他成员未能养成收育的习惯，或是不够配合，也属于环境不足。

3 自由放任型

想起来了就收拾一下，或者没到乱成一团就不去收拾，这种自由放任的做法也是无法达成收育的目的的。没有天生就能顺理成章学会整理收纳的孩子，在达到一定阶段之前，用适当的方法教他们，并且循序渐进地去做，是很重要的。

4 知识不足型

只是觉得需要学习收纳，但要如何去做，从原则到方法以及工具都有所欠缺，就会因为实际操作的困难而中途放弃。

5 简单说教型

“你的写字桌总是这么乱”“你这样下去会完蛋的”批评责骂可能会使孩子产生逆反心理、讨厌整理收纳。所以首先还是请告诉他们整理收纳所带来的愉悦感。

Section 3

分年龄段学习收育

上文谈及的是成人要如何做好准备，从了解自己入手，找到能够持之以恒进行收纳整理的动力和方法。在对孩子进行收育的时候，有些准备事项还是有必要事先做好的。

让孩子放手做之前，你准备好了吗？

原本计划让孩子全程参与，临到执行时却往往会因为事情有难度或者觉得孩子的进展很慢而不由自主地想为之代劳。在这里想要提醒各位的是，用收育培养孩子的独立能力，首先家长也必须有“独立”的想法。有时候与其说是孩子离不开自己，倒不如说是家长自己内心离不开孩子。无论他们开始做得如何，都请放心大胆地让他们去做吧。这样的信任和耐心会让孩子也感受到父母的支持，也会觉得“即使我现在做得还不够好，但是爸爸妈妈能接纳现在的我，会陪伴我进步，我会努力做到更好的”。

孩子当下的收育，
最重要的是教授符合孩子成长和环境的方法。

既然收育有必要立刻从当下开始行动，那么对孩子进行收育，前提也是要了解孩子当下处于怎样的成长阶段，他/她的日常需求是怎样的。随之而来的，是去共同思考符合他/她需求的环境需要如何打造。很简单，一个三四岁的学龄前儿童和一个十二三岁的青春期孩子在日常活动和审美需求上是完全不同的。需要考虑到孩子当下的状态再来设定符合实际的目标，这样在执行过程中也会顺利很多，孩子也容易获得积极的肯定。收育的方法也应当随着孩子的年龄段和所处环境变化，不断地进行改变。在孩子自己的东西比较少和大量增多的时期，父母守护和支持的内容也有所不同。适当地传达收纳整理是件令人愉悦的事情，了解收育的这一生活理念，对于孩子的健康成长是有益且百无一害的。

适当地传达收纳整理是件令人愉悦的事情

第四章 收育指南

做好充分心态上的准备，了解全家人的想法，直面自己存在的弱点，一步一步地，我们开始步入收育的道路。正如同上一章提到，做好收育，需要掌握符合当下状态和孩子成长环境的方法。这一章，我们会从一个小家庭的收育轨迹入手，从孕育孩子开始，直到孩子成年步入社会，一个阶段一个阶段地讲解收育的方方面面。

Section 1

孩子出生前（怀孕—分娩）的收育

环境变化与心理变化

既然收育是和养育、教育息息相关的，那么收育应该从孩子出生前就开始，也就是说，从宝宝在肚子里的时候就开始。因为在产后忙乱的生活中，很难有夫妇一起商量讨论的时间。所以在准妈妈的身体进入比较平稳、舒适的阶段（通常是怀孕 4~6 个月），同时也是相对比较空闲的阶段，夫妻俩最好商量好“如何打造一个与孩子一起愉快相处的生活空间”，提前为今后的收育做好准备。

如果能够事先营造出良好的环境，那么在迎来新生儿之后，对宝宝的照顾就会游刃有余。父母轻松了，孩子也会相应地体会到家庭环境的放松和幸福。加上怀孕期间，夫妇已经对未来“如何打造和孩子愉快相处的生活空间”达成了一致的意见，那么在孩子出生后的很长一段时间里，就不必再为家里环境的布置和收纳而反复讨论了，无形中也节约了大家的时间。

在明白了迎接新生命之后，需要认真对待“营造一个良好的居住环境，能让孩子和大人一起愉快生活”这件事，一边高兴地为之努力，这种积极对待未来生活的态度，也将对孩子形成潜移默化的影响。

随着分娩的日子越来越近，为分娩做各种准备是开心的，因而可能很容易就想着不管是啥反正先买了再说，结果就是东西多到没法收拾。所以在添置物品前，很有必要咨询有育儿经验的人，同时夫妇俩也要商量好到底哪些是必需的东西。

2 收纳方面需要注意的要点

安全

为了安全度过怀孕这段时期，需要确认是否有必要改变家具的配置。准妈妈的安全是第一位的。对准妈妈来说，生活环境的安全、整洁是让妈妈安心、孩子平安健康出生的重要条件。

通道应大于80cm

为了能让各位准妈妈在肚子渐渐变大的同时也可以在房间里自由活动，需要确保家具与家具之间保持足够的距离。

地板通道不要放东西

地板和高处要保持整洁，以免绊到准妈妈或坠落砸伤人。

先生多分担体力活

先生承担一些家务活，能让准妈妈感到轻松和愉悦。

经常用的物品不要放高处

为了准妈妈的安全，物品和家具的摆放位置需要重新审视。

布置环境

夫妇双方首先需要考虑准妈妈每日在家中的动线，为她的日常生活调整家具、布置环境和改变一些细节。

其次需要考虑新生儿降临之后家人的动线。建议可以从不同的日常活动来分类考虑，如哺乳、沐浴、抚触、陪伴、哄睡，以及照顾婴儿期间，其他成人的家务活动等。

场景模拟

想象有宝宝之后的具体场景、通过模拟彩排会发生的动作，能让家庭环境更安全、家人更安心。

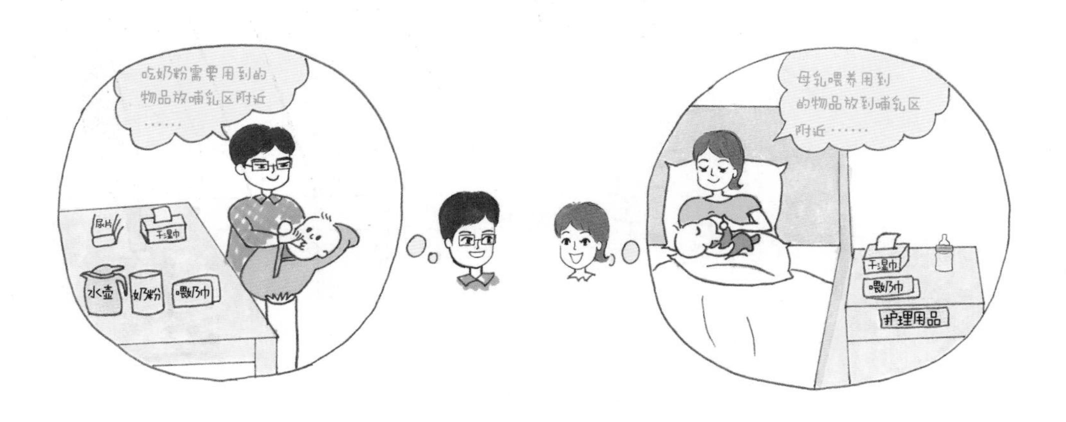

为营造良好的居住空间，迎接新家庭成员的到来，现实中我们的生活会发生怎样的变化，在我们脑海中要有具体的印象，这一点很重要。以给宝宝哺乳为例，首先要想好哺乳的地点，白天是在哪里，夜里起来哺乳或冲泡奶粉会是在哪里。想好地点之后，再试着列出对应的物品，如消毒纸巾、哺乳枕、温奶器、奶瓶、奶粉罐等。从宝宝的需求上来看，一般来说，哺乳前都会检查尿片，那么更换尿片的尿布台的摆放就需要和哺乳地点比较靠近。这样规划不但能使小宝宝的需求在第一时间得到满足，同时也能缓解新手妈妈在喂养宝宝方面的焦虑，让她节约出时间用以身心的休整。

空间规划

为了安全渡过怀孕这段时期，需要确认是否有必要改变家具的配置。这里需要提醒大家的是，1 岁内的小婴儿，其活动方面的需求有一些阶段性的改变，从需要每天抚触到练习抬头、翻身，从开始能够快速爬行到能扶着东西站立，我们对亲子房的空间规划也需要随着需求的改变而改变。

在新生儿降临后还需要考虑为宝宝物品的存放留出空间。怀孕这段时期，为了做好迎接宝宝的准备，需要添置许多新东西。随着预产期的临近，婴儿服、湿纸巾、尿不湿等物品也会随之增多。这方面的空间规划除了要能够收纳大量婴儿用品，还需要考虑到拿取方便。这方面的规划需要全家共同参与，这也有助于爸爸积极参与到育儿的各个事项中。随着准妈妈的肚子一天天大起来，在体会这种日益

宝宝de空间

增加的喜悦同时，夫妇一起把小宝宝的物品摊开、分类、收起来，告诉肚子里的宝宝“这是你未来会用到的奶瓶”“这是你的摇铃”等，进行整理收纳方面的胎教，将会是未来一段很美好的回忆。

从刚生产完到能够熟练地照顾宝宝这段时期尤其辛苦。产后先请父母或者月嫂阿姨过来帮忙照顾一段时间的话会安心许多。这时，提前整理好一个便于他们帮忙照料孩子的环境显得尤为重要。为了方便过来帮忙照顾孩子的人，需要设定好物品的位置，让他们一看就懂。宝宝的必需品应该事先放在容易找寻并且便于拿取的位置。如果能够营造出便于照料孩子的环境，育儿也会轻松许多。

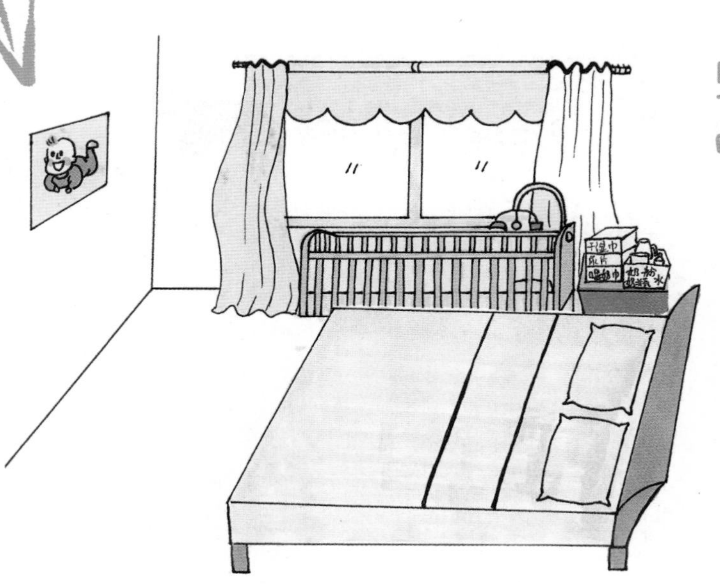

生孩子后的房间

打标签

可以尝试用标签机为孩子的物品做好标记，如不同类别的毛巾，不同功能的洗护用品，月龄不同而型号不同的尿不湿、奶嘴、玩具等。

父母的准备

○考虑到准妈妈和婴儿安全的空间设计。

○设计肚子渐渐大了之后便于活动的动线。

○设计新生儿降临后，成人的活动动线。

○制定理性的购买计划。

○让全家人都明白常用物品的摆放逻辑。

增加的物品清单

杂货类	母子健康手册、育儿书、护理用品
衣服	孕妇装、孕妇内衣
产后必需品	婴儿床、婴儿被、婴儿服、尿不湿、奶瓶、卫生用品

经验谈

小岛弘章　日本收纳检定协会　代表理事

大多数的新手父母都有“宝宝降生前，先把婴儿用品准备好吧”的心理。但是买了一大堆，实际上却不用的例子不在少数。东西买得过多的结果就是收拾和拿取都很费时费力，这样一来可能造成心情也变差了，这样很容易让准妈妈开始担心是不是自己的能力不足从而陷入抑郁。产前只要准备一些最必要的东西就够了，产后可以根据情况适当添置。“好不容易买了张婴儿床，结果孩子却不喜欢”时常会听到这样的事，所以还是先从朋友或邻居那儿借来试试看比较好。有时接受其他家庭使用过的大件物品也是不错的选择。

Section 2

婴儿（出生—婴儿）时期的收育

这段时间特别需要避免随意购买婴儿物品。好用的婴儿椅、各种功能的婴儿服装、各大公司推出的婴儿食品……婴幼儿时期随着孩子的成长，这些必需品会不断增加。对于一些流行产品和人们热议的产品，你可能会觉得“这正是我们需要的呀”，加上现在的购物越来越方便，可以足不出户就通过电话、网络采购。正是在这样的背景下，更需要**弄明白究竟什么才是真正必要的物品。**

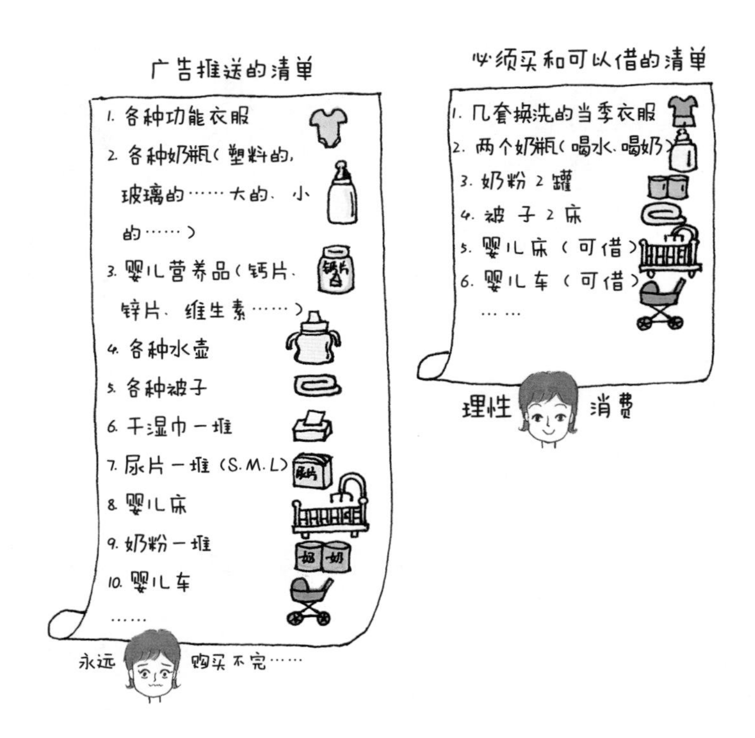

从小宝宝降临，到他 / 她给出第一个微笑，发出第一声咿咿呀呀，我们需要**在婴儿成长的过程中，创造一种能够被感知的不断增加的喜悦。**但是喜悦总是会伴随着烦恼。比如说孩子像树袋熊一样无法离开妈妈，孩子肠绞痛晚上哭着睡不着，孩子不愿意吃辅食……这些新手爸妈生平第一次遇到的问题所带来的焦虑和压力，丝毫不比他们在以往的学业和职场上遇到的要小。如果出现找不到东西在哪儿，收拾东西太麻烦这些问题，就会越发焦躁，继而产生抱怨，影响家庭原本幸福和乐的氛围。

为了过上与日俱增的**幸福感**的生活，就需要特别从**细节**上努力。比如经常使用的物品要收纳在家人都知道的地方，比如物件要有固定的收纳场所，该放在架子上的就放在架子上，该放在冰箱里的就放在冰箱里，这样可以减少翻找拿取的次数。这样的细节有很多，可以列举出来，家人一起培养成习惯就好。

2 收纳方面需要注意的要点

安全

家具的配置一定要安全，这样才能够跟得上孩子的成长速度，也能满足他们的成长需求。

从安安静静躺在婴儿床上到可以连着翻身，从只会爬动到可以抓着东西站起来，再到能够完全站起来走，简直就是一眨眼的工夫。随着孩子一天天长大，他们的活动范围会发生显著变化。为了能够跟上这种变化，父母要保证家居环境的安全性。

此时收纳需要考虑到以下几点：小孩子的手能够够得着的地方不能摆放细小的物件和药品，家具的棱角、家电插头、电线插座、容易关上的房门和衣柜移门等，也是需要好好考虑并加以收纳、改造的。要提前预想好一些可能经常会发生的危险，这时候多想想孩子的动线会相当有用。

妈妈辛苦 爸爸可以帮助

动线

这段时间妈妈相对是比较辛苦的。爸爸可以帮助她梳理一天的活动动线并协助她做好收纳整理。如晨起洗漱、喂养，带宝宝进行户外活动、晒太阳，购买食材并进行烹饪，日常的洗晒等都有不同的动线和收纳需求。婴儿车放在哪里更顺手？妈咪包里要放哪些必需品，才能既方便妈妈和宝宝又不至于带太多东西出门？冰箱里的食材是不是能分门别类进行处理，冷冻成小包标注日期方便取用？这些都是爸爸可以帮忙去规划的。

玄关处

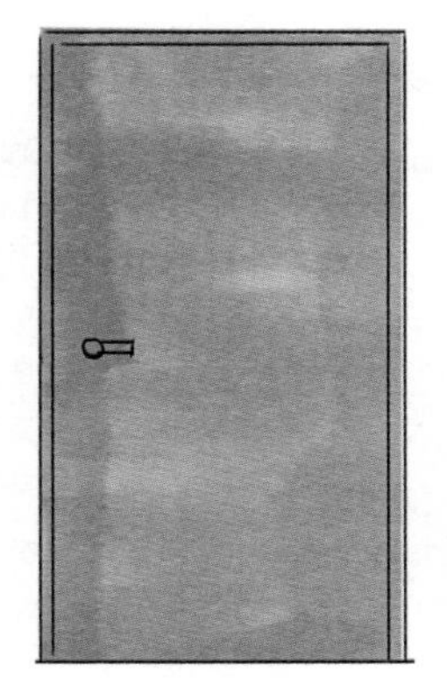

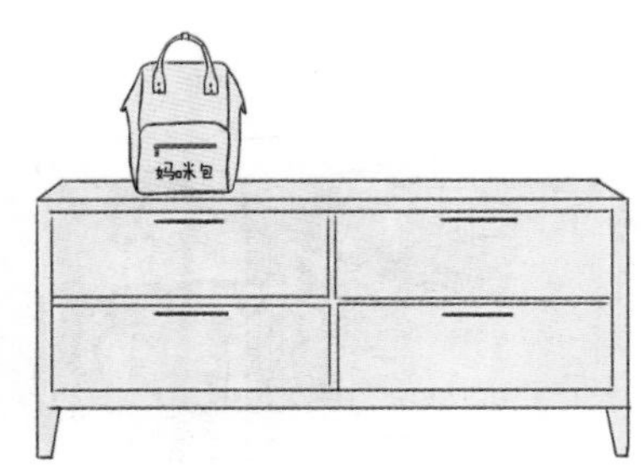

孩子是天生 de 学习者

物品收纳与管理

从模仿游戏开始整理收纳

在孩子开始和你有一些行为或语言（不一定是完整语句）上的互动时，亲子收育的黄金时期就拉开序幕了。在孩子面前进行一些简单的收纳工作，比如折叠孩子的衣物、展示收纳的成果，就可以让孩子在潜移默化中了解收纳是一件必要的事，并且能带来很大的愉悦。

孩子是天生的学习者，他们像一张白纸，可以被画上最美的图案。只要父母用心陪伴，在日常游戏中注入收育的思维，孩子就会从游戏中学到有关收纳的技能，同时他们的其他能力也会相应得到培养。把玩具放到箱子里就是一个很好的模仿游戏，红色玩具放到红色箱子里，圆形玩具放到贴有圆形图案的箱子里，这种游戏不仅区分了颜色和形状，还能让孩子愉快地拿取玩具，玩的开心。父母不厌其烦地开心示范的话，孩子也会很容易感兴趣并且以后也可以分门别类地收拾自己的东西。

父母示范的话，孩子也会很容易感兴趣并且以后也可以分门别类地收拾自己的东西。

3
0~3 岁孩子的身高 & 能力范围

0~1 岁的孩子会逐步翻身、坐起来和站立，身高会长到 75cm 左右。

1~2 岁的孩子能逐步学习行走，也会开口说话，精细动作不断发展，身高能长到 85cm 左右。

2~3 岁的孩子能逐步模仿一些动作，大运动能力飞速发展，有用语言表达和交流的意愿，喜欢涂鸦和堆叠积木等游戏，身高能长到 95cm 左右。

4
利用收育就能在家完成的早教启蒙

我们利用收育就可以完成早教班里能完成的启蒙。

学习礼貌待人、感恩惜物

“现在妈妈要叠袜子了，请你把自己的袜子拿给我可以吗?”“要睡觉了，我们一起把玩具送回它们的家吧。感谢积木君，你们辛苦啦。好好睡一觉，明天见。”在日常的收纳中，孩子可以学会礼貌待人，爱惜家中的物件，也珍惜他人的劳动成果。

“分类锻炼思维和表达能力”

形成一定的秩序感

“这里有三个抽屉，我们把爸爸的衣服放在最上面的抽屉，把妈妈的衣服放在中间，把宝宝的衣服放在最下面。爸爸的抽屉是从上往下数第几个？宝宝的抽屉是从下往上数第几个?”利用空间的布局，在收育中使得孩子了解上下、左右、前后、次序，培养秩序感。

学会分类和描述

利用标签机打出不同颜色或者符号形状的标签，陪伴孩子把自己的物品归类摆放。或者利用不同颜色的整理箱来分类整理玩具。孩子的绘本大小不一，也可以通过从形状上的分类来一起收纳。不知不觉间，孩子的东西收纳完毕，也锻炼了思维和表达的能力。

5 利用收育完成入园准备

部分家长会在孩子两岁多的时候选择把他们送入托班，绝大多数家长会在孩子三岁的时候将孩子送入幼儿园。在即将开始入园生活的夏天，集中**利用收育思维培养孩子每天收拾自己的小书包，叠叠自己的小毯子，摆好自己的小鞋子，放好换下来的衣物等**，可以让孩子避免因为不会做而陷入无助，在逐步适应中进入集体生活，也为今后每天上学前的准备工作节约大量时间。

6 如何引导孩子参与

亲身示范，不厌其烦地陪着他们一起去做，只要完成就多多称赞。每次收纳后都可以做个简单的总结，对孩子的称赞要落在具体的做法上，如“你能把绘本按大小排列整齐，真是很好的主意”，而不是简单地重复“你太棒了”。

父母要做的

○边示范边聊天地给予说明

增加的物品清单

家（杂货类）	奶瓶、断奶后的食具、婴儿杯、玩具、妈妈杯、宝宝垫、护理用品、宝宝餐椅
家（衣服）	婴儿包被、婴儿服、婴儿鞋
家（消耗品）	尿布、卫生用品、药、牛奶
家（教育类）	玩具、绘本、动画 DVD

大野里美　日本收纳检定协会　收育士

1~2 岁的时候，孩子视力渐渐发育，能够辨别出颜色和形状。这个时期的孩子们特别喜欢红色、黄色等明亮的颜色，我就给孩子买了颜色鲜艳的积木玩具，陪他一起玩。五颜六色、形状各异的积木玩起来很开心。首先是颜色的分类，其次是形状的分类。按照这样的顺序陪孩子一起完成分类练习的话，也不失为一件乐事。另外，这个时候孩子正喜欢用手抓放东西，我家的孩子们也是如此，拿起放在桌上的东西，然后故意放下，玩得还挺开心。由此联想，如果玩那种把东西放到箱子里的游戏的话，孩子也能初步体验整理收纳，而且玩具也会收拾好，可以说是一举两得。做完后记得好好夸奖孩子。

Section 3

×

幼儿（幼儿—上学）时期的收育

环境变化与心理变化

这段时期的幼儿，逐渐开始有了“自我”的意识，同时他们的成长环境将会比以往变得复杂一些——他们会同时在幼儿园和家中两个固定场所生活和学习，接触到的人也变多了，外出活动的机会也多了，随之而来的玩具、小摆件、书本等也会变多。但始终还是要记得物品是不会自己“变”多的，所以在这段时间里的购物我们也必须坚持思考，什么是孩子和家里真正需要的。带孩子去超市、公园等场所时，面对琳琅满目的商品也可抓住这些机会告诉孩子什么是“想要”，什么是“需要”，培养他们理性选择的能力。

相比婴儿期，这个时期孩子以幼儿园和托班的集体生活为中心，相应的衣服、毛巾、杯子、手工材料等孩子自己的东西逐渐增多。因为要区分自己和同学的东西，所以也正是父母教给孩子如何管理和整理自己物品的机会。

2 收纳方面需要注意的要点

安全

这个阶段的孩子大运动能力将会有很大的提升，而且他们的好奇心也逐步加强了，止不住地想要探寻周围世界的奥秘。这时候，一些禁止孩子接触的物品需要更加严密地收纳并做好醒目的标识。部分家具如书架、置物架等也需要严格固定在墙面。

动线

这个阶段的孩子已经能够自己独立地玩耍或者翻阅简单的绘本。这段时间是他们专注力发展的黄金时期，可以观察孩子从幼儿园回家之后的活动，根据他们的活动类型、动线和身高来规划玩具架、绘本区，规划合理之后就可以放心地让他们自己玩耍和阅读了。在玩耍和阅读中，不被打扰的孩子，专注力会发展得相当优秀，为此就需要提前规划，营造环境。

物品收纳与管理

放回去

幼儿期的孩子会热衷于自己喜欢的玩具游戏，玩好之后就乱了，但是自己也不懂如何收拾。教会孩子“拿出来、放回去”的方法，关键是要陪他一起愉快地享受整理的过程。可以在家里设定一块专门的游戏场地和阅读、手工操作台，孩子会渐渐学会在固定的场地做固定的事。玩了一段时间的玩具或者读了一段时间的书，可以先收起来放进储物间，隔一段时间再拿出来玩和读，会更加有新鲜感，能玩出、读出新的花样。

教会孩子养成“拿出来，放回去”的习惯，是掌握整理收纳的第一步，不仅仅是要口头上教，关键是父母要笑脸相待，愉快地做给孩子看并且循循善诱，跟孩子比一比看看谁能先放回去，陪孩子一起开心地玩。通过反复练习，孩子会逐渐萌生“整理收纳是件愉快的事”这种观念。

要做的

○孩子要做的：记得放回去。

○父母要做的：重复整理收纳的小游戏。

通过分类游戏记住物品的区别

如果只是简单地告诉孩子要收纳，那无异于什么都没有告诉他们。可以利用游戏，先从分类开始，逐步学习要如何收纳。所有的东西都不是简单地收起来就好，而是分门别类放在该放的地方。可以通过积木、绘本、玩偶等，将这些大致分类，然后放到提前准备好的各个箱子里。通过游戏把物品按种类区别开来并整理好，孩子也会玩得开心。

要做的

○孩子要做的：将物品进行分类。

○父母要做的：先将所有的物品简单分类，再将同类的物品按照某个规则进行分类，这样来制定分类计划，孩子也会逐渐学会如何做好分类和规划。

用标签进行“分类、放回去”的练习

什么东西放回什么地方，作为父母，应该要为孩子整理出一个“他看了就能够马上明白”的环境。建议在收纳积木的箱子外侧贴上印有积木图形的标签，放绒布玩具的箱子外侧贴上印有玩具熊图形的标签。不仅仅是玩具，孩子的生活用品、文具、书本都可以用这种方式来明确。

要做的

○孩子要做的：把和标签对应的物品放到相应的地方。

○父母要做的：在箱子上贴上标签。

夸奖孩子努力的成果

完成“拿出来，放回去”“分类，放回去”这些整理的基本动作后，要不失时机地夸奖孩子。夸奖时最好向孩子示范“把玩好的玩具整齐放回去”的具体动作，这样孩子会知道自己到底是因为哪儿做得好才受到夸奖，这会激励孩子，对于整理收纳也会抱有更加积极的态度。

要做的

○孩子要做的：积累小的成功经验。

○父母要做的：看到孩子的努力要给予夸奖。

3

3~6 岁孩子的身高 & 能力范围

3~6 岁的孩子，身高可以从 95cm 逐渐长到 120cm 左右。

孩子会逐渐掌握一些日常生活事项，如自己洗漱、吃饭、如厕等。

开始有天马行空的创意，喜欢绘画、搭建、手工等活动。

完全有能力承担一些简易的家务，如叠衣服、收拾餐桌、整理书架等。

4

如何引导孩子参与

需要更加明确地告诉孩子，他 / 她是这个家庭中的一员，大家要共同为家里的环境做出贡献。称赞他们已经是大孩子了，能够帮爸爸妈妈分担家务了。除了在家中积极给予肯定，也可以在家校联系册上，亲朋好友面前给予称赞。

5

一起用图形或颜色来打印标签吧

处于这个阶段的孩子对图形和颜色是敏感的，他们还不会书写，所以可以用标签机打出不同图形或颜色的标签来帮助他们进行物品的分类整理。比如女孩子的发饰就很适合用不同颜色的标签来分类放在不同的收纳盒里。用小汽车、玩具熊、积木块等形状标签来标注玩具放置的区域也是相当清晰的。

孩子将会在口头表达和思维上变得更加有条理，同时也懂得为父母分担了，学会从别人的角度思考问题，共情的能力得到提高。

增加的物品清单

家（杂货类）	绘本、玩具、便当盒、杯子、筷子盒、水壶、毛巾、雨具、包
衣服	制服、帽子、背包、鞋
其他	黏土、黏土板、作品

堀江梨江　日本收纳检定协会　收育士

跟儿子约定好：做完一个，丢掉一个。

孩子幼儿期的时候，我的育儿方针是让他不断去尝试，找到自己的兴趣。当时他对做手工很感兴趣，用废箱子和胶带做了很多“作品”。他很喜欢，我也想支持他，但回过神才发现家里尽是他的“作品”，而且每天还在增加。因为他不会玩那些旧作品，所以有一天就跟他约定好了做完一个，丢掉一个。为了避免家中保管的作品数量过多，跟他定下了这条规矩。同时决定在处理他的旧作品时，一定要经过他本人确认，和旧作品说完谢谢之后才处理掉。我是想培养他珍惜物品的习惯。不知道是不是小时候有过这样的经历，即便是到了小学五年级，他在处理不用的物品时，也会说声谢谢。

笔记

Section 4

小学
1~2 年级的收育

1 环境变化与心理变化

上了小学，教材和文具等新物品又会随之增多。每个星期甚至不同的课程都要准备不同的学习用品，回家后还要整理。不仅是物品，父母需要跟进处理的信息也越来越多了，每日的家庭作业、每周的课外兴趣课等都会产生大量的信息。如果此时孩子还没有养成收纳习惯，或者家里还没有达成“收纳的能力有助于孩子的学业和今后的发展”这一共同的看法，那么全家人在跟进孩子幼升小的过程中是会相当吃力的。

随着年级的上升，物品还会进一步增多，为了让孩子在环境和物品的急剧变化中不至于感到困惑，可以说这段时期父母的支持是最必要的。但这里的支持不是帮着他们来做个人物品的收纳，而是给予他们建议和教会他们方法。

2

收纳方面需要注意的要点

珍惜对待自己的物品

对于此前没见过的学习用品，比如自动铅笔、三角板等，孩子的兴趣和好奇心会变得非常强烈。父母此时应该引导孩子爱惜自己的物品。首先要告诉他们珍惜物品的原因，不仅仅是因为这是孩子们每天学习要用到，更因为这些物品是被人用心设计、制造、陈列，最终被购买回家供我们使用的。珍惜物件就是珍惜他人的劳动。弄坏东西，人会难过，丢了东西也会伤心。假如物品也有人格，那么从物品本身来说，能被很好地使用，它们也会觉得自己的使命有所完成，也会为主人感到开心的。

“孩子在这个时期，会感到自己已经是一个小大人，不论跟父母一起做什么都会觉得开心。对于孩子的支持，父母并不是要做所有的，而是陪着孩子一起完成，让他感受到收纳带来的愉悦，留下积极的印记，就可以了。”

按照用途决定好学习、游戏、课外兴趣物品的区域

有不少家庭都是在孩子上小学后让孩子开始拥有自己的房间。但是随着学习用品、游戏工具和课外兴趣物品的不断增多，孩子可能会在收纳上犯难。家长应该和孩子一起，按照用途不同设定好收纳空间，然后明确什么类型的物件应该整理放到哪儿。

要做的

○孩子要做的：物归原处。

○父母要做的：一起决定物品大致的收纳地点。

培养孩子一个动作就搞定的整理技巧

让孩子愉快地养成收纳习惯的窍门，就是尽量减少整理收纳带来的压力。为了能够很自然地完成“将使用过的东西物归原处”这一基本动作，要在收纳方法上下工夫。关键词是“one action”，收纳的方式和步骤不要设计得太复杂。大件的衣服可以用衣架收纳，方便他们取用、搭配和收起来。为课外兴趣物品准备专用的收纳袋或背包，要去上兴趣课的时候直接提走就可以了。用箱子或竹筐收纳工具类的物件，用开放式的书架配合不同的标签或颜色的书立来收纳书本，为他们准备一些文件夹、文件盒，学习材料、试卷等纸张类的物品全部立起来收纳等，采用这些用一个动作就可以完成的收纳方法，孩子会轻松学会整理。

要做的

○孩子要做的：养成用完物归原处的习惯。

○父母要做的：设置只需挂立、收入、摆放的简单收纳。

和孩子一起动脑巧用物品

在孩子对于物品兴趣高涨的时期，需要注意的就是避免物品徒增。不要一味地给他买买买，而是以身作则，巧用现有物品。有一些课外书籍可以运用周边的图书馆等公共机构借阅，有些大件的乐器在还不清楚孩子究竟是不是能以兴趣爱好坚持下去时，也可以通过一些平台进行租赁使用。一些因为身体快速生长而突然变小的衣物，可以试着捐赠给其他需要的人或是改造成包袋、抹布等循环再利用。家长可以收集一些巧用物品的视频，在家和孩子一起来动手动脑。

要做的

○孩子要做的：与现有物品好好相处。

○父母要做的：让孩子看到并告诉他物品的活用方法。

将“一起做”习惯化

在尝试自己收纳的起初，孩子有时会不清楚该怎么去做，也会担心收纳的结果能不能得到爸爸妈妈的认可。这时候就需要爸爸妈妈带领孩子一起去做。比如，结束了一天的学习和工作，要把书桌、餐桌等全部收拾干净，早晨才可以元气满满地迎接新的一天。这时，妈妈不妨陪同孩子一起收拾，可以分工协同来做，孩子收拾自己的书桌，妈妈收拾餐桌和准备明天的早餐，做完之后互相检查评估一下，是不是都做得很棒呢？妈妈整理明天上班要拿的手袋，孩子整理自己的书包，也可以相互提醒一下注意事项。把“一起做”习惯化，用来培养孩子收纳的能力，也是为他们今后的独立操作打下基础。

3 7~8 岁孩子的身高 & 能力范围

这一阶段的孩子身高可以达到 130cm 左右，他们活力充沛，无论力气、耐力，还是模仿能力都增强了，可以学习去做一些简单的家务。

4 如何引导孩子参与

共同去做是很好的办法，有时候为了激发孩子的主动性，给他们更多的荣誉感，家长也可以适当地“示弱”。表示出“哎呀，这个妈妈也不太会”或者“爸爸这里有点儿事情可以请你帮忙吗”，孩子会立刻表示“让我来吧”。别忘了结束之后要称赞他们“看来没你还真的不行呢”“这次多亏了你的帮忙啊”。

5 一起用拼音或简单的汉字来打印标签吧

如果可以一起制作标识、决定物品的收纳地点的话，那么父母和孩子都将愉快地沉浸到收纳的乐趣之中。

要做的

○孩子要做的：一边记收纳地点，一边贴标签。

○父母要做的：一起制作物品的标签。

6 孩子收获的能力

通过收育，孩子会觉得自己是家中不可缺少的一分子，他们的责任心会得到增强。经过收纳能力的锻炼，孩子能够很好地适应小学的学业，合理地安排自己的时间，同时，为三年级之后比较繁重的学习做好准备。

增加的物品清单

学校	双肩书包、室内鞋袋、工具箱、教科书、笔记本、习题集、打印资料、文具、美术用具、键盘、口琴、体操装、泳装、餐服。
家	玩具、绘本、球、学习资料、成绩单、外出背包。

田中实（shí）惠　日本收纳检定协会　收育士

进入小学是培养良好收纳习惯的契机。

那是 6 岁那年春天，孩子背着崭新的双肩背包，迎来了入学典礼，难掩兴奋与激动之情。现在想来，这是让孩子养成良好生活习惯的契机。“要是当时提前这样做了的话，就好了”，下面是我的经验谈。

即使我什么都没说，性格谨慎周到的女儿就做好了明天上学需要的准备。我自然地认为“上了小学的话，就可以自己做好上学的准备”，因此对于还没到 8 岁的儿子也是什么都没说，但是没想到儿子是和姐姐完全不同的类型，悠悠哉哉，漫无计划。没做好准备就去上学了，经常丢三落四，我也是过了好久才发现，并且作了一番反省。

就算是姐弟，也要尊重他们性格和个性中的差异，日常问候和守护也要符合他们各自的性格，这一点很重要。每天上学要带的东西都在变，提前确认好并做好准备很有必要。小学刚入学的这段时间对培养好的习惯而言特别珍贵。

笔记

Section 5

小学
3～4 年级的收育

1 环境变化与心理变化

音乐课上用的竖笛、数学课上用的量角器、图画和手工课上用的刻刀和绘画工具等，每科的东西都变得越来越多。因为对文字的理解力不断加深，孩子们开始喜欢阅读书籍，同时游戏世界的大门也随之打开。在很多国家和地区，三年级被认为是小学阶段学习的分水岭。一二年级的时候，很多孩子因为在家长的规划下做了充分的知识和能力储备，使得一二年级的学业相对来说容易完成。而三年级则不同了，一方面幼儿园储备的知识已经用完了，一方面课业的难度也确实增加了，在校成绩的波动也会带来心理上的不安。

“这时候家长要通过收育来帮助孩子合理安排时间，一个有秩序感的家，一张整洁的书桌，无形间也会给孩子很大的安慰和鼓励。

2 收纳方面需要注意的要点

物品收纳与管理

自己的东西可以自己分类整理好

一二年级的时候，孩子已经学会了要珍惜物品，学会了应该把物品收拾到什么地方，以及用完的物品要物归原处等基本的整理收纳知识。三四年级时，应该学习整理收纳的大原则——“摊开、分类、收起来”。这里的学习不单单是要了解这个原则，而是要在生活中不断练习着去做。父母也要一起思考能够让孩子学会自己整理东西的一些具体方法，并且给孩子以建议。从一层抽屉这样的小空间收纳开始学起，很容易上手，孩子也会很有成就感。

从抽屉开始练习整理

为了真正体会到整理收纳的效果，建议从平时经常使用的书桌抽屉开始学起。首先把抽屉里的物品全部摊开，按照“正在使用的东西”和“不用的东西”进行分类，然后把“正在使用的东西”里最常用的物品，放在抽屉最靠外的地方；不用的东西要不要扔掉，这可以和父母一起考虑考虑，父母只需给出建议。

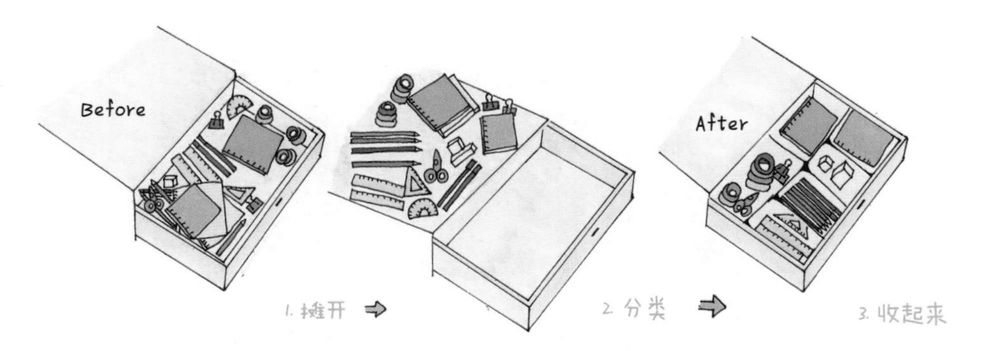

同样可以被选来进行初步练习的还有书桌的桌面。桌面上摆放物件的法则需要和学习的目的相一致，每日学习完毕后都进行清洁收纳，也可以选一个周末从某一层书架开始练习收纳。

要做的

○孩子要做的：练习摊开—分类—收起来。

○父母要做的：尽量别插手，只需给出建议。

从试卷开始练习整理文件纸张

随着课业任务的日渐繁重，孩子从学校带回来的作业、文件、试卷等也越来越多。特别是每周、每月的测评试卷，由于需要订正并且隔一段时间进行知识点的复习梳理，那就需要把它们很好地收纳保管起来。

我经常传递的一个观念就是“不能让纸张躺着睡觉”。比如有张 A4 纸，如果就这样放着，那么它就占了 A4 纸大小的地方，这就是指它在睡觉。如果不让它睡觉，让纸张站起来——即立起来摆放呢？因为很薄所以基本上就没浪费多少空间。找起来也相对容易一些。我们在教孩子收纳类似试卷这样的纸张时候，应该使用透明文件夹收纳它们，把它们竖着放进文件盒中。

不能让纸张躺着睡觉

纸张的“竖立式收纳”
把纸张放进透明文件夹里→用文件架把它们立起来

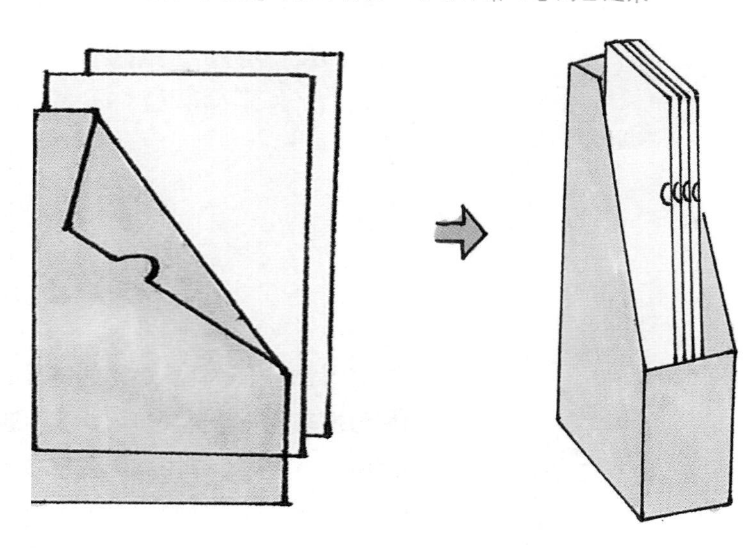

用透明文件夹进行“竖立式收纳”还有一个好处，就是**可以知道收纳的最大数量的界限在哪里**。这个界限的存在不是坏事，反而还是件好事。如果纸张是横躺摆放的，那么是可以一直叠加摆放的。这样一来，某天突然纸张就会倒塌，会引发混乱。但是如果有了决定收纳空间大小的收纳架，就可以确定文件数量的界限。这样也就顺便会提醒孩子，又到了回顾复习这些试卷的时候了。

有一点需要补充，当我们在进行试卷的分类时，我推荐使用简单的单页文件夹，同一科目的试卷可以用装订圈装订起来。

要做的

○孩子要做的：练习整理自己的试卷。

○父母要做的：为孩子多准备一些单页文件夹。

掌握主次先后顺序

通过整理收纳的反复练习，孩子会逐渐记住物品收纳的先后顺序。父母在一旁指导，孩子在收纳时的顺序意识也会渐渐加强。**不知不觉间，孩子会对什么事情是重要的，什么事情要优先安排建立直观的印象。**

发现整理收纳的好处——想做的事可以很快做好

体会到整齐干净环境带来的舒适感，对于保持整理收纳的好习惯来说非常重要。因此要为孩子创造出获得这种体验的机会。例如，把书架上的书按照类别收纳好，这样想要读哪本书，只要从那个类别中进行查找就可以了。**他会体会到收纳带来的这些方便，对收纳的态度也会越来越积极。**

要做的

○孩子要做的：发现整理收纳的优点。

○父母要做的：创造机会，让孩子能够体会到整理收纳的效果。

为家庭的整理收纳创造思考的机会

关于家庭的整理收纳，要把握时机，听听孩子的意见。以孩子的整理收纳课题为契机，加强家人公用物品的意识。

要做的

○孩子要做的：通过发言锻炼思考力。

○父母要做的：询问关于整理收纳的意见。

3 9~10岁孩子的身高 & 能力范围

这一阶段的孩子，身高可以达到145cm，完全就是个小大人了。可以独立从事简单的家务，如洗碗、帮着整理回收物品、购买东西、准备简单的饭菜、照顾宠物等，也可以帮助家长从事稍微复杂一些的家务，如组装改造家具等。

4 如何引导孩子参与

父母应该多多提问“怎样做会更好呢”，促使孩子思考，这样有助于加深理解。这一阶段的孩子自尊心很强，也容易有一些小叛逆，父母要注意正面引导，多听听他们的想法。

伴随孩子的成长与更多自我意识的觉醒，我们也可以更换汉字或图形打印标签。在使用标签机打标签的时候，不妨让孩子用自己的语气来设计标签，让标签更加个性化。

孩子收获的能力

孩子会逐渐学会统筹安排自己的时间，同时对试卷等文件的收纳能力的培养也有助于今后他们处理信息。

增加的物品清单

学校	竖笛、圆规、量角器、练字工具、绘画工具套装、刻刀、教辅、词典
家	学艺工具、体育用品、漫画杂志、儿童读本、图书馆借阅卡等各类卡片、喜爱的文具

伊藤寛（kuān）子　日本收纳检定协会　收育士

“自己的事情自己做”“享受手作”的实践

我的儿子和女儿都已经成年，虽然我们作为父母也没有跟他们说过很多收纳方面的道理，但是他们却觉得学到了“自己的事情自己做”以及“要珍惜物品”。两个孩子在小学的时候，我想的是要为他们创造一个“能够让他们学会自己的事情要自己做”的外部环境。他们自己的东西全部放在他们自己的房间，设定好学习、游戏、学艺等不同用途的空间。为了便于各自理解，我们还决定好用不同的基调色，来代表不同的收纳区域。孩子在玩得开心的同时，也学会了管理自己的物品，房间也变得整洁许多。另外，我们夫妻都喜欢手作，所以孩子有什么想要的东西，我们不是立刻买给他们，而是旧物利用，重新制作，因此也有了很多和孩子们一起手作的机会。在去登山或户外运动前，大家一起想办法减少行李的画面，依旧历历在目。

笔记

Section 6

小学
5~6 年级的收育

1 环境变化与心理变化

正如每个人的兴趣嗜好不同，此时是孩子以“因为喜欢而想收藏”，或是以“朋友也有”等各种理由不断买入物品的时期。他们开始与钱打交道，会把零花钱攒起来买一些自己喜欢的东西。随着占有欲增强，物品也越来越多。

同时，进入小学高年级会面临升入中学的考试压力，面对孩子日益繁重的学业，父母很容易开始想要在收纳方面为之代劳。大部分孩子会在这一时期进入青春期，开始会觉得父母不理解自己，十分渴望拥有自己的独立空间，并拒绝家人进入。这时候，父母需要告诉孩子，保有个人的空间是可以的，但是也期待他们能积极加入家庭的活动中来。个人的空间允许有个性化的规划、装饰和物件，但前提是这些规划、装饰和物件能为孩子带来真正意义上的幸福感，这时父母可以在收育的过程中多倾听孩子的想法，多让他们发挥自己的创意。

学会如何收纳 \ \ 让生活变得便利

2 收纳方面需要注意的要点

物品收纳与管理

发现使用的便易度

到了小学的高年级阶段，孩子应该学会如何收纳，才能在物品的使用过程中更加便利。养成经常思考“对自己而言如何收纳更加便捷”的习惯，再落实到行动中，这样节约时间，学习的效率也会随之提高。仔细考虑对自己而言，物品的使用便捷性，回想自己平时的活动动线。对于孩子自己的想法，父母即便想说两句也要尽量忍住，等到孩子感到困惑时，再说“一起想想吧”。

要做的

○孩子要做的：考虑对自己而言物品的使用便捷性。

○父母要做的：在一旁守护，给予支持。

学会换位思考

这个时期孩子的活动范围进一步扩大，应该培养他们对家人、朋友、老师甚至社会共用物品的关心和爱护。在使用家庭里大家公用的空间和物品时，要考虑到如何让下一个人方便使用。如洗澡、洗脸后顺手清理浴室和水槽。在公共空间也是一样的道理。孩子和朋友一起相处或者自己一个人活动的时间越来越多，和别人共有的物品也越来越多。这个时期他们需要有一种公共意识。例如从图书馆借的书要好好爱惜，体育和美术手工课的用具也要收拾好，以便下次课能够方便地使用。

要让他们的意识从“因为是自己的东西所以要好好爱惜”向“因为是大家共有的物品所以要爱惜”转变。

要做的

〇孩子要做的：时刻想到他人。

〇父母要做的：以身作则，给予提示。

旧物改造从抽屉开始

从“抽屉小改造”开始赋予物品新的价值

为了实现便于使用的收纳，体验旧物改造。建议从抽屉开始，利用家里已有的物品将抽屉的内部空间隔断开，让抽屉更加便于使用。

学会合理处理不用的物品

对于自己已经不再用的物品，可以整理好送给别人，这种怀着感谢心情的处理方法也显得更加郑重。

用收纳的思维来进行学习

从孩子很小的时候开始学习收纳，不知不觉间他们将会具备条理性、逻辑性和归纳能力。不妨试着和孩子运用收纳的思维来进行学习，如整理笔记、整理错题、归纳要点、总结错误类型并进行杜绝，通过对知识和思维的整理来达到更好的学习效果。

要做的

○孩子要做的：了解物品的处理方法。

○父母要做的：告诉孩子物品处理的具体方法。

给他们成为“老师”的机会

“把知识教给别人”会加深对事物的理解，尝试为孩子提供“教父母或是兄弟姐妹有关整理收纳方法”的机会。告诉他们“你教的方法真的有用，谢谢”，这会让他们信心倍增，整理收纳的意欲也会更加强烈。

要做的

○孩子要做的：感受自己带给别人的喜悦。

○父母要做的：向孩子学习，感受成长。

3 培养孩子自己打印标签的习惯与能力

可以送给孩子一个自己的标签机，请他们在思考自己日常活动的动线和使用空间、物品的习惯后，为自己的收纳工作设计独特的标签，并养成使用标签机的习惯。

4

11~12 岁
孩子的身高
& 能力范围

这个年龄的孩子已经可以被称为是“小大人”了，他们的身高可以达到 160cm，有的已经超过了妈妈。他们完全有了自主的意识，喜欢自己安排自己的活动，协同他人共同完成任务的能力也大大提高。**在收纳方面，完全可以给他们出一些“题目”，请他们自己动手动脑来完成。**

守护，培养孩子的自主性

5

如何引导孩子参与

父母尽量在一旁守护，让孩子自主地去整理收纳，即使孩子没能做得很好，也要先夸奖他做好的部分，然后再给他建议。

6

孩子收获的能力

除了思考和动手能力，通过换位思考，孩子逐步会拥有“利他”思维，这在孩子真正踏入社会、融入社会的过程中将是非常重要的能力。

增加的物品清单

学校	缝纫工具、活动照片、手提包、中音竖笛
家	大头贴、体育用品、时尚小件、参考书、错题集
补习班、学艺	教科书、打印资料、模拟考试教材、背包、钱包

臼井由美　日本收纳检定协会　收育士

即便在外面也要让使用后比使用前更干净

孩子到了小学的高年级阶段，要让他们养成即使在外面，也要整理的习惯。低年级时，就经常告诉他，用过的东西要放回原处，回到家里或是去朋友家玩时，也是反复教他鞋子要放好，离开座位后，椅子要放回去。升入高年级后，孩子注意的范围进一步扩大，洗脸池的头发也会清理掉。相比于使用前，使用后更要收拾得干净，正如这句话所说的，要为周围人创造出舒适的环境，想让孩子成长为这样的大人。在他们小学时反复叮嘱，他们也自然而然掌握了。成年后女儿家里的洗脸池总是很干净，儿子大学时，也是带领研究室的同学一起整理收纳。虽然有时我也在反思，是不是当时说的太多了，但是孩子们成年后，我也的确看到了小时候对他们进行收育教导的效果。

Section 7

初中、高中生（13~18岁）的收育

初中和高中期间，孩子的身心发育逐渐成熟，活动和兴趣范围不断拓展。因为学业和交友关系的变化，对于“想要”的看法也有了很大的改变。为了应对成长和环境的变化，改变自己房间的布局显得越来越有必要。

在这段时间里，孩子会面临两次学业上的选择，一次是升入高中，一次是升入大学。选择什么样的学校，选择什么样的专业，归根结底，家长可以给予一定的支持和引导，但希望决定还是由孩子自己来做。这个前提是，孩子必须懂得自己，明确知道自己擅长的事情和未来想要完成的梦想。**在孩子的成长过程中，有一个词始终是他们能否取得更大进步的关键，那就是“内在驱动力”。**有了这种能力，孩子会想方设法克服困难去达成自己的目标。这个阶段的收育可以更加明确这一点，让孩子感受到家人对他们的支持和守护。

2 收纳方面需要注意的要点

物品收纳与管理

从一个个物品开始到整个房间，营造出舒适的自我空间

以中学入学为契机，给孩子们一个独立房间的家庭不在少数。对孩子们来说，在此之前都是在和家人共享的空间中管理着自己的物品、整理自己的课桌、整理自己的书架；但在此之后，他们要学会管理自己的房间，这对他们可以说是提升空间管理水平的一次良机。

这段时期，他们的目标就是要考虑“如何整理出对自己而言既舒适又便利的房间”“运用房间的布局和各种物品为自己学业目标的达成提供帮助”，并且要养成“自己的空间自己整理”这一习惯。因为正处于青春期，所以父母应该充分尊重他们的自主性，这一点很重要。

建造一个自己的城堡

可以启发孩子活用小学时就已经植入脑海的“爱惜每一件物品”的思维模式，巧用摊开、分类、收起来的整理方法，挑战自己，独立打造自己的房间。如果在上初中前就给孩子准备好了自己的房间，那么就以升学和升入高年级为契机，提出改变房间模样的方案吧。为了创造出令自己舒适的空间，应该如何收纳才好呢？从孩子们自身的想法并且实践的经验来看，要培养他们的自立意识。父母要最大限度地尊重孩子们的想法。

要做的

○孩子要做的：考虑使用的便利性和居住的舒适度。

○父母要做的：设法提升孩子的积极性。

会“当家”的孩子更容易成功

如果改变自己房间的空间布局，需要购买一些新的家具和收纳用品的话，父母就应该支持孩子，让他自己制定好预算，给他一个学会如何合理消费和“与钱打交道”的机会。在这个过程中，他们能真正筛选出什么是自己必需的物品，如何合理利用预算，如果预算不足，但又很需要添置某种物件，要怎么去做。

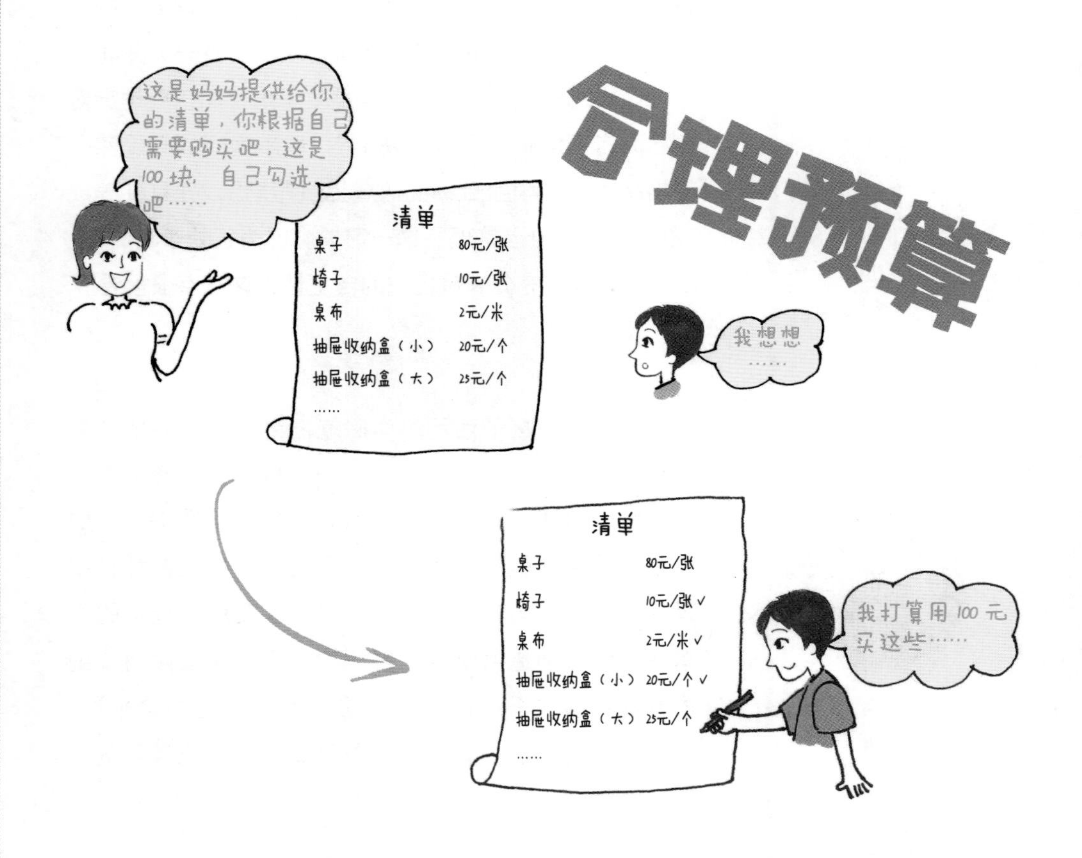

要做的

○孩子要做的：在预算范围内采购物品。

○父母要做的：决定预算，陪伴孩子买东西。

从自己的房间开始学会自由与责任是一体的

在自己房间的时间越来越多，不管是准备带去学校的东西，还是确认或调整每天的日程表都要靠自己，这样自我管理的生活也就随之开始了。孩子们渐渐会发现，要想维持一个能够实现自我管理的整洁环境，整理收纳是非常有效的途径。孩子们的自我管理法在父母看来，尽管很想插一句“这样会更好”，但是易于实践的方法也是因人而异的。努力尊重个性，认同孩子们的价值观吧。

要做的

○孩子要做的：提高自我管理意识。

○父母要做的：认同个性和价值观。

梳理好自己将来想走的路

关于毕业后的方向，必须在脑海中梳理好。弄清楚自己想考取的学校、想拿到的资格证书以及理想的职业等这些人生目标。孩子自己得出的答案，父母要尽可能声援，必要的话，提出建议，给予支持。

要做的

○孩子要做的：意识到对自己而言，必要的东西和事情。

○父母要做的：尊重自主性，必要时提供帮助。

3

13~18岁 孩子的身高&能力范围

这个阶段的孩子在身高上已经接近成人，在心理上也更希望被当作成年人来看待。在日常生活中，也已经能独当一面，自己安排好自己的生活和学习了。**随着知识储备的增加，高中阶段的孩子已经完全能独立管理自己的财物、和同学结伴旅行、为自己未来的学业开始规划。**

4

如何引导孩子参与

始终保持“还想做得更好”的上进心对于维持舒适的居住空间来说非常重要。孩子布置完自己的房间后，父母要褒奖孩子的成果，询问他们还有哪些希望改变的地方，给他们提出相应的建议。

5

孩子收获的能力

孩子能进一步地学会“自我管理”，这不仅仅是更好地利用时间，提高学习效率，还意味着设定短期、中期和长期的目标并为之付出努力。

增加的物品清单

学校	制服、书包、教科书、教辅读物、参考书、习题集、笔记本、运动服、校服、社团活动的服装和道具、便当盒、筷子、水杯。
家	时髦的小东西、生活用品、手机。
补习班	背包、试卷、印刷讲义等资料。

田中実惠　日本收纳检定协会　收育士

孩子上初中的时候，我们给了他一个自己的房间。他第一次自己买了一张书桌，理由是喜欢的东西想要自己选择并且长期使用。给他安排自己房间的时候，我意识到无论如何要尊重他自己的想法，父母只需要支持就可以了。关于买什么样的家具和制定怎样的收纳方案也都是按照他的想法实行的，我只是陪着一起去买东西。还有，我决定仅仅是给他提供一些建议，例如衣服这样整理的话，会节省换装的时间。另外，在房间的使用方法上，我秉着父母绝不干涉主义，不会在孩子外出的时候整理他的房间。遇到难题时，我会和他商量，给他建议，告诉他有哪些解决方案，让他自己选择。通过房间的整理收纳，我们互相尊重，亲子关系也更亲密了。

笔记

Section 8

大人（大学生—社会人）的收育

1 环境变化与心理变化

上大学和就业意味着孩子们逐渐开始一个人生活，迈出成为社会人的第一步。在读大学期间，要和同学共同使用宿舍、实验室等空间，读到研究生阶段，有时还需要自己租房生活。在大学阶段，可以通过勤工俭学、奖学金等获得收入，进入职场也意味着将拥有自己能够支配的收入，买东西的选择和判断也更加自由，与此同时，选择也变得越来越重要。

作为已经完全独立的大人，需要继续磨炼自己整理收纳的能力，维持舒适的环境，保持与周围邻里关系的和谐非常重要。此前作为家庭一员，掌握的整理收纳知识需要被进一步活用，来继续磨炼我们和物品，以及住所和谐相处的智慧和能力。我们与社会上的许多人和组织逐渐有了关联，能否创造出一个对于自己和周围人来说都舒适的环境，这种能力被不断重视。作为社会一员，在整理物品和环境时应该学会换位思考，顾及别人的感受。父母只要保持适当的距离，看着孩子一步步自立就好。

在这一阶段，为开始在新的环境中生活，往往会处理掉很多物品。进入新的环境没多久，却迎来了物品的反弹。大家有过节食的经历吗？节食失败，最常听到的词就是“反弹”。虽然用很辛苦的节食和运动可以瘦下很多，但随后会遭遇反弹，反而变得更胖了。如果物品骤减，那么会发生什么呢？很大程度上的结果会是**“反弹”**。因为我们不顾三七二十一处理掉很多物品，一时间数目骤减。但是往往过了一段时间后，就会又不由自主地以各种理由添置物品，而且会就此一发不可收拾，物品增加的速度要比收纳处理前快很多。

为什么会有反弹呢？恐怕是因为内心没有完全接受全部物品被处理，开始产生“不安”。为了防止这种现象的产生，首先，**当要处理掉某件物品时，请好好地面对物品，和物品告别**，这是最重要的。如果一时之间无法判断是否需要，可以先暂时留下，为了应对这种犹豫不决，我就设计了“待定箱”，在之前也提到过。

> 另外，不要一口气处理物品，而是一点儿一点儿减少自己真正不需要的物品。在买新的物品时，请以“维持现在的数量”为目标严格把关，并思考是否可以合理再利用已有的物品。
>
> 从离家到真正融入社会开始独立生活，这个过程同样还是需要父母进行一定的守护。可以利用孩子每次回家的机会，多多聊一些生活上的变化，父母可以给出应对这些变化的建议，但决定权还是可以放手交给孩子。

2 收纳方面需要注意的要点

要离家了，一起办个物品毕业典礼吧

考取了心仪的学校，很快就要离家了。在收拾物品的时候，面对无法带走又可能不再需要的东西，要怎么处理呢？整理的过程其实也是全家一起回顾孩子成长经历的过程，有些物品可以被永远保留，或者拍照放入相册，剩下的，除了可以放在“暂时保管的纸箱”，还可以在社区或家中为它们办个“毕业典礼”，把它们赠送或转让给需要的人吧，让它们从这个家中毕业，去往别人的家里完成自己的使命吧。

物品毕业典礼

从房间的状态了解你自己

把房间整理得很整齐的人，思维也很清晰。房间里物品杂乱堆放，主人的内心可能也是混乱的。房间的状态就像是我们自身的一面镜子，客观地反映了我们的生活节奏和心理状态。通过整理房间，内心也会得到整理。维持舒适的居住空间有益于我们的身心健康，这也是社会生活的基础。

要做的

○孩子要做的：重新审视房间，反思自身。

整理收纳教给我的生存智慧

排好物品的先后顺序、珍惜物品、考虑到下一个使用的人。从整理收纳中学到的这些智慧能够作为生存智慧广泛应用。例如在新环境中感到迷茫时，这些智慧就可以作为指导我们的方针。

要做的

○孩子要做的：把从整理收纳中学到的东西运用到社会上。

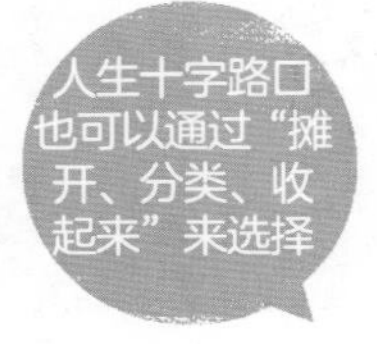

遇到人生的十字路口，记得要首先想到整理收纳的“摊开、分类、收起来”原则。找出所有的问题和选项，再选出可以实行而且应该去做的，然后用最合适的方法去实行。人生的问题也可以通过整理收纳来解决。

要做的

○孩子要做的：找出问题、分类、解决。

即使一个人生活也要会做家务

作为独立的大人，为了过好自己的生活，做家务的能力不可或缺。要在日常生活中锻炼自己做饭、洗衣、打扫的基本家务活能力。家务方面逐渐熟练后，可以通过整理让家务变得更加方便省力，行动也会更有效率，时间得到有效利用，我们的闲暇时间也会随之增多。同样，工作也是如此，可以体会到整理收纳带来的种种效果。

要做的

○孩子要做的：衣食住行，自己的事自己做。

将整理收纳扩展到社会层面

整理收纳的基本能力可以很好地应用到生活、工作和社会当中，利用这项能力为社会做出贡献是我们的理想。为了营造良好的工作氛围可以提出什么样的建议？如何从公共空间合理的使用上为更多人做好榜样？从这些问题出发，从小事做起，开启社会生活吧。

要做的

○孩子要做的：在社会生活中践行整理收纳。

3 如何引导孩子参与

由于孩子是第一次独立生活，家长难免会有不放心的想法，但请不要直接给予他们简单的答案，比如“找个保洁服务就好了啊”，“不会做饭就去外面买来吃”等，家长可以利用孩子毕业后的暑假给予一些生活经验上的指导，多鼓励他们，即便是自己第一次处理这些事，也一定没问题的。

4 孩子收获的能力

孩子收获了照顾好自己的能力，反过来也会想着要如何照顾家人。

增加的物品清单

学校	教材、兼职工作服、兼职用具、社团用品
就职活动	面试正装、文件、电脑、就业信息杂志、就业指南、日程表
家	包、饰品、礼服、皮鞋、化妆品、喜好物、摩托车、汽车

臼井由美　日本收纳检定协会　收育士

女儿独立生活的时候，儿子也刚好进入职场，我们三个人便开始一起收拾东西。先是整理出孩子们的物品，又从中分选出他们开始新生活，需要搬到新住处的东西。站在满含学生时代回忆的物品和收藏品面前，却没法带到新住处，孩子们很是苦恼，面对这样的场景，我也好几次想跟他们说就放在家里吧，但还是下决心忍住没说。告诉孩子们："即使一时心软让你们把东西留下来，我们也只是代为保管，这些东西没法得到珍惜。等到我们做父母的老了之后，你们对这些东西的整理也不太好把握，到时候应该还会犯难。"这样说他们更加理解，也想出了其他的处理方法。通过收育，让我也学到了构建亲子之间自立关系的方法。

笔记

第五章

让家人一生受益的收育大智慧

家是我们源源不断的能量来源，我们在这里出生、长大、成熟，从这里开始人生新的阶段，养育新的生命，也在温馨的陪伴中渐渐老去。我们每天在职场打拼，无论遇到什么样的困难，家都是我们停泊、修整、重新上路的勇气加油站。无论处于怎样的人生阶段，家都是值得我们投入时间和心力好好维护的共同体。当年轻的父母拥有了收育的思维，那么从小家到大家，全部的家庭成员都将从这样的思维中受益匪浅。

1 收育思维会提升孩子的职场效率

作为职场的新鲜人，被收育思维滋养过的孩子，其表现将会有所不同。当人们学会收纳后，将会逐渐养成“把正在使用的物品和不使用的物品分开来”“把想要珍视的物品放在方便使用的地方”等等的思考习惯，不知不觉间也会对工作养成“现在对于我来说，什么是重要的呢”的思考。有些人理不清工作思路，只是单方面的投入大量时间，工作依旧不见起色，究其根本原因在于没有做“对”事情。这其中包括没有理清工作的重点，以及没有找对工作的方法。

曾经我也是一个埋头苦干，想要一口气把所有工作都做完的人。如果有 10 件工作的话，我会从第一件、第二件、第三件……一直到第十件全部努力地一口气做完。我觉得对方也会很高兴，能收到全部工作的反馈结果。

但是，当我在学习收纳的时候，开始对这样的工作方式产生了反思："把全部的事情都做完，这到底是不是件好事情呢。"

比起从第一件做到最后一件，不论是对自己还是对对方而言，就做最重要的三件事，比投入 200% 的精力是不是更有意义呢？我改变了思维方式，越来越重视"优先顺序"。

实际上这样做的话，看到我做 1~3 件工作的人都会评价道："喔，小岛弘章，不错哦！"不仅如此，我还得到了新的机会，"哎，这件事你要不要试试看呢？"等等，这样的改变变得越来越多。结果，对我来说优先级降下来的第 8、9、10 件事处理起来也得心应手了，就好像渐渐打开了新世界的大门。

当我养成收纳的习惯后，在工作中就可以"看清对自己来说重要的事情"，可以不停地获得成长发展的机会。

从小就让孩子学着收纳，他们长大后，绝大多数都会成为能够一边快乐地工作，一边能获得职业晋升的人。年轻的父母在进行收育时，时刻保持开放的心态一起学习，也会在自己的职场中看到立竿见影的作用。那是因为无论是在家里还是在职场，收纳的力量对时间、经济、精神都有极大的影响力。

先来说说时间上的效果。如果掌握了收纳，寻找物品、文档的时间将大大减少，可以感觉到"一下子就拿出需要的物品"的快乐。把到处翻找物品的时间节约下来做自己喜欢、快乐的事情吧。**第二个是经济上的效果。**经过收纳后，物品在哪里，家中的每个人都会了解，无形中就杜绝了重复购买的可能。在职场上也是一样，除减少重复的无用功，团队中的每个人都能知道物品、文档的归放，流程的运转，无形中也节约了很多沟通成本，工作效率大为提高。**最后一个是精神上的效果。**我想这是最重要的了。它可以减少因为物品凌乱而带来的烦躁感，让人心情愉悦、增加笑容，与家人、同事的关系也变得好起来。

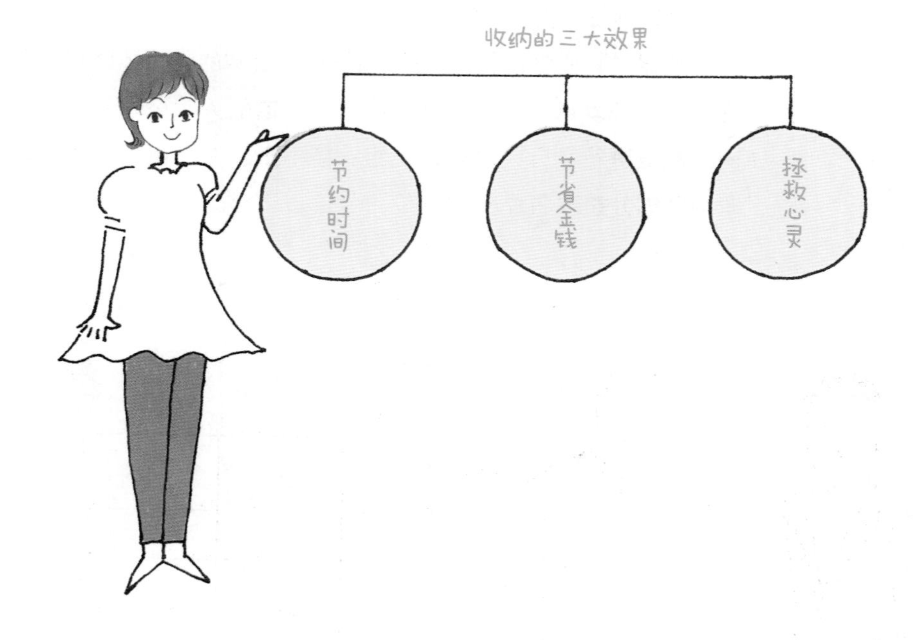

2 用收育思维管理人际关系

当学会收纳后就会明白事物的优先顺序，工作便能更加高效！同样的事情在“人际关系”上也说得通。

就以名片的收纳为例吧。因为工作的关系我会遇见从事不同职业的人，也收集到了大量的名片。如果放在一边不管就会看着它不停地增长。我整理名片的方法事实上是和对方交往的方法有直接联系。

人际关系很重要

具体地操作方法如下：

按照“职业类别”和“都道府县”（日本的行政地区划分）整理名片。开发商、广告代理商经常打交道的人……首先，根据不同的职业进行划分，分成好几组。接下来，在小组里面再根据行政地区划分整理名片。

根据职业类别 + 地区划分整理名片

于是，当我想找“冈山的代理商的名片”，“名古屋电视台的收纳策划”，这样检索起来就非常容易。

在工作上找同事时，我以“需要”为主，这样的名片整理方法是“职业类别”和“都道府县”的组合。

根据什么来分类，每个人的需求是不一样的。根据需求，我们会改变分类。也有人会根据“职业类别”×“见面时间”进行名片分类。更常见的是根据字母拼音的顺序整理名片，但是这个真的实用吗？因为经常出现“想的起 ta 的脸，但是想不起来 ta 叫什么了”这样的情况。如果这个时候从“**あ**”（日语五十音图的第一个假名）开始在一大把名片中寻找的话，还是很浪费时间的。

根据字母拼音的顺序整理名片

把名片分类成自己容易找到的样子，同时把“最直接会遇到的人的名片放到每个小组的第一张”，彻底地按照这个法则实施。

这样做就可以自然而然地注意到“这位是现在最密切相关，人情交往最重要的人”，相反，没有那么亲密的人的名片就往后排。

当然，也会有“不小心忘记了不该忘的重要人物”的情况。所以我们要经常拿出名片检查。“啊，这个人，我还想再联系联系他呢”这样的情况就会时有发生，于是缘分就又回来了。这个时候，如果看到一张名片，却还是想不起这个人的脸，那么就下定决心处理掉这张名片吧。

我明白大家会担心丢弃别人的名片后可能会后悔，但是想不起脸的人在绝大部分情况下都不会再见面了。因此，**请好好把握现在对自己而言真正重要的人，珍视他们，由衷地和他们加深交流，我想这样就会有“美好的相遇”吧。**

想要孩子将来拥有广泛而深入的人际关系，也需要掌握收纳的技巧，请确信这一点并从整理通讯录、手机讯息、名片等开始练习吧。

3 从惜物到惜人，收育令人心存感恩地生活

把每一次整理收纳都视为一次家人间亲密沟通的机会吧。从家庭会议、采访，到一起努力去做，在每一次收纳的过程中，我们都会增进对家人的了解，并且真真切切地感知到家人为我们的付出，以及家人的真正需要。孩子会明白，原来妈妈每天为大家准备三餐、洗晒衣服等是需要经历这些步骤，真的很辛苦。妈妈也会明白，在孩子的心目中什么是对他们来说最最宝贵的东西，全家一同为其守护。年轻人会明白老人们之所以喜欢囤积，往往是出于出行不便，那么也会试着多帮老人们跑跑腿，陪伴他们进行采购，选取当下需要的、新鲜的东西。在“收育”的过程中，始终怀着对家人理解和感恩的心情，久而久之，家庭关系也会变得更加美好。

怀着感恩努力生活

从选择和购买的时候，就本着郑重的心态，物品买回来之后也好好地使用、珍惜它，不但能延长物品的使用寿命，也能使得孩子了解物品制造背后，人们付出的努力。一个懂得珍惜的人，在社会中也一定是一个“能够善待自己、回馈社会的有用的人”。我们的生活充满不确定性，有了这样的品质，无论孩子未来从事什么样的工作，遇到什么样的困难，他们都会拥有怀着感恩努力生活下去的勇气。

4 懂得取舍之道，懂得为生活留白

在收纳的过程中，往往第一需要思考的是，什么是我们当下真正需要的东西。不购买自己不需要的东西，只把最黄金区域和时间留给最重要的物品、事情和人。在这样的原则下，孩子会渐渐学会如何取舍，他们会明白什么是真正的好的东西，什么是当下真正需要去为之努力的事情。

打造出整洁优美的环境，理清了做事情的思路，丢掉了心中芜杂的念头，自然而然地迎来了能够自在呼吸、充分休息的时间。在这样的情境下，孩子们可以进一步进行深邃的思考，可以建立更加积极、良性的人际关系，可以发现生活中的美，可以培养伴随自己一生的爱好。

孩子会将收育的智慧反哺我们

收育是为了培养出感恩、独立的孩子，尽管绝大多数父母在培养孩子的时候，都不会“从未来自己能获得什么”的角度来期许孩子。但是，不得不承认的是，拥有收育智慧的孩子，比一般人会更加懂得感恩，他们的父母、祖父母也会是相当有福气的人呢。

很简单，当孩子从小就能在家庭收纳会议中看到自己的父母为全家人考虑的做法，设身处地地为别人着想，长此以往，孩子也会把父母的需求、祖父母的需求放在心上。在孩子还小的时候，家人会考虑到他们的动线，以此来布置和调整家庭环境，那么当他们长大了，有一己之力回馈家庭的时候，他们也会自然地考虑到渐渐年迈的父母、祖父母的动线变化，并为他们重新布置和调整。当他们经历了社会上的种种，吸纳了新科技的进步思维，也会反过来和父母、祖父母探讨在处理一些问题时，是不是该调整观念，利用新思维让家庭生活变得更加美好。

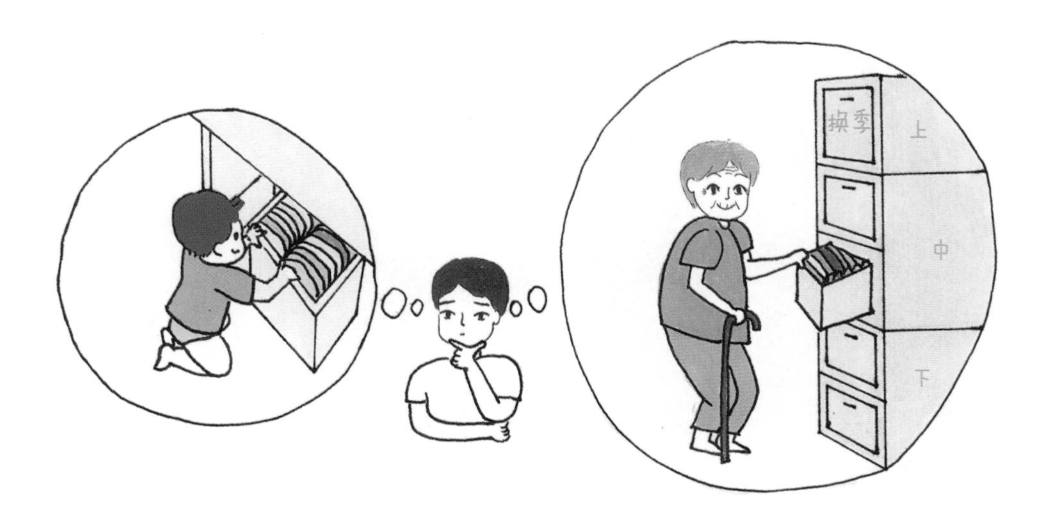

按下收纳思维的开关 生活会变得更加美好

人的一生终将学会如何与他人相处、如何自处，如何获得幸福感。一成不变的生活是不可能的，我们时时都需要保持开放的态度，去接纳家人的想法和生理、心理的变化，加上适当的调整和改进，才能够步调一致地达成更好的生活。无论是使用清洁神器、收纳利器还是标签机等有趣好玩的收纳工具，点亮生活的那一个关键动作始终是，按下我们收纳思维的开关。

合上这本书，努力去做吧。

第六章

常见问题Q&A

1. 我家的卫生间很小，干湿没有分区，备用卫生纸该怎么收纳？担心洗澡时把纸淋湿，现在是放在别的地方。

听起来这是很老式的卫生间。干湿没有分离的卫生间，就要特别注意防潮了，备用卷筒纸不放在卫生间里，而是看看卫生间外面，靠近卫生间的地方有没有空间来放。尽量不要放得太远，有人过去把卫生纸放在阳台，拿取的时候动线太长了。

2. 洗浴用品怎么收纳呢？

浴室用品可以分两类，一类是搓澡巾、起泡球这些洗澡的工具，可以在墙壁上，用挂钩挂起来。另外一类是洗发水、沐浴露等相对重一些的，可以用分层置物架，放在浴室的角落。

3. 餐具该如何收纳呢？

常用的餐具尽量靠近黄金区域，而不常用的餐具尽量放在低处或高处。

另外，在柜子同一层，相对常用的放在靠近柜门这一侧，不常用的放在柜子深处。

盘子类的尽可能竖起来，可以借助盘子架。

小碗、小碟子包括杯子，可以把相同大小的放在一起，用收纳筐来分类装好。

杯子也可以用托盘来收纳。倒扣在托盘上，还可以叠放，方便拿取，而且更省空间。

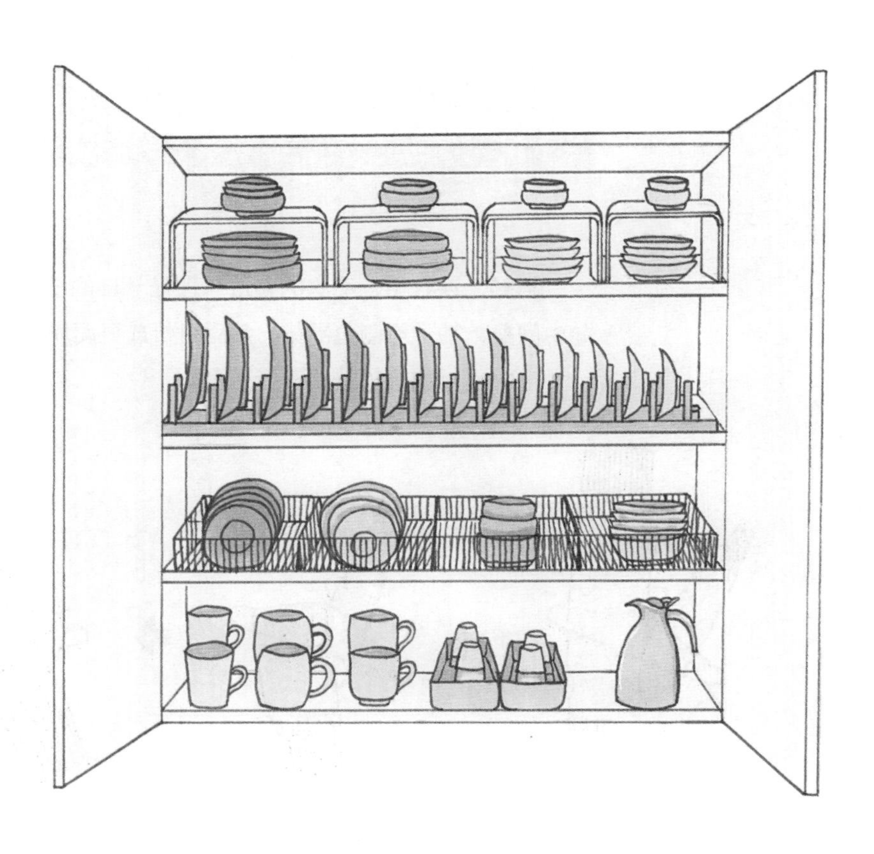

4. 小家电有什么收纳技巧吗?

大家可以选择多功能的小家电，这样一台就抵好几台家电了。比如蒸烤一体机可以代替烤箱和蒸箱。还有电炖锅和砂锅，如果都是炖汤，那么留下其中一个就够了。否则厨房再大，也放不下那么多小家电。

其次，根据就近原则“在哪里用，就放哪里”。有些小家电其实不是在厨房使用的，比如咖啡机，在餐厅喝咖啡的话，是不是放在餐厅也可以呢?

最后是根据使用频率，每天都用的小家电，尽量放在黄金区域，例如电饭锅，我们都放在台面上。而偶尔使用的，放在橱柜的下层即可。

5. 裤子、衬衫、毛衣、外衣、羽绒服等大件衣服怎么叠呢？叠好之后怎么进行归类放到收纳盒里?

衬衫、连衣裙、毛衣的叠法原理是一样的，都是左右两侧向中间叠，袖子与侧边平行，然后对折成豆腐块即可。

毛衣也可像这样挂，不会变形。

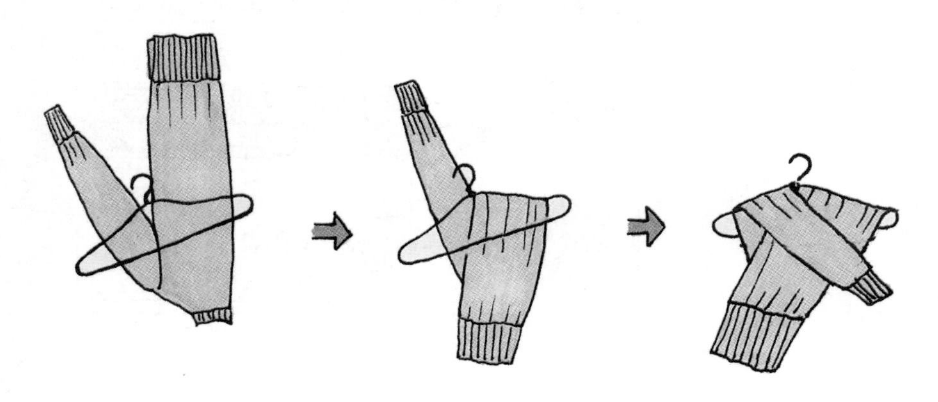

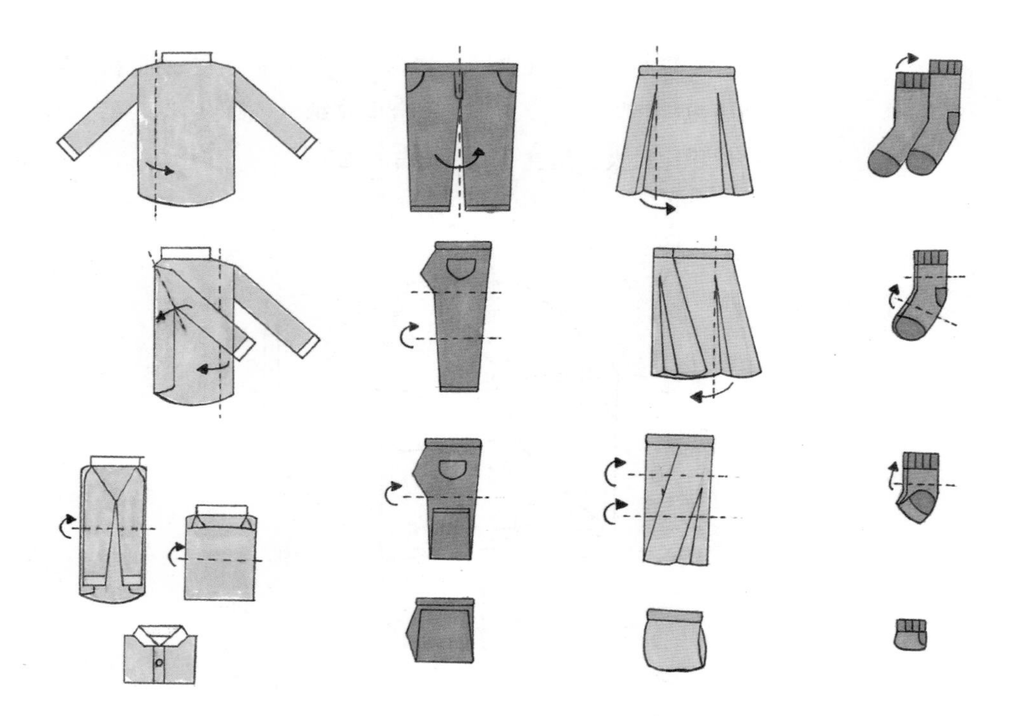

外衣、羽绒服、大衣、皮衣等这些不太适合折叠，建议大家直接挂起来。

如果没有地方挂了，就需要重新审视一下你的衣柜，只有两种可能：①衣柜空间确实不够大，需要再增加收纳空间。②衣服实在太多，有很多是闲置，但舍不得处理的。

6. 什么尺寸的抽屉适合收纳冬天的厚裤子和厚衣服？

较厚的衣服和裤子要选择比较高的收纳盒或抽屉，建议高度接近 30cm，这样就能合理收纳。市面上可以买到很多体积比较大、高度 30cm 左右的抽屉柜。

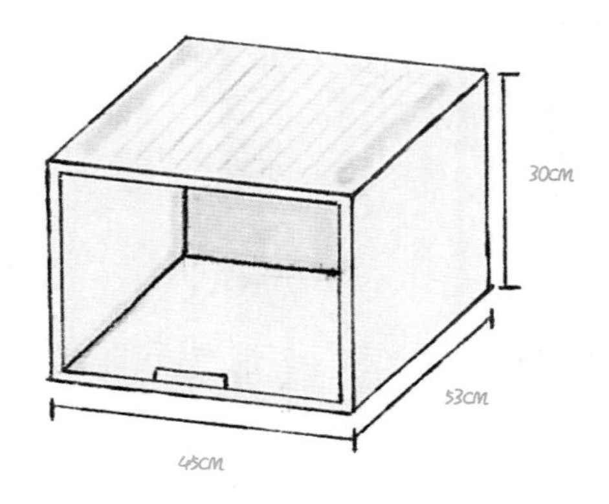

7. 请问文胸该如何收纳才不会变形，而且方便？

文胸最佳的收纳方法是把肩带收到罩杯里面，摆在宽度合适的收纳盒里。

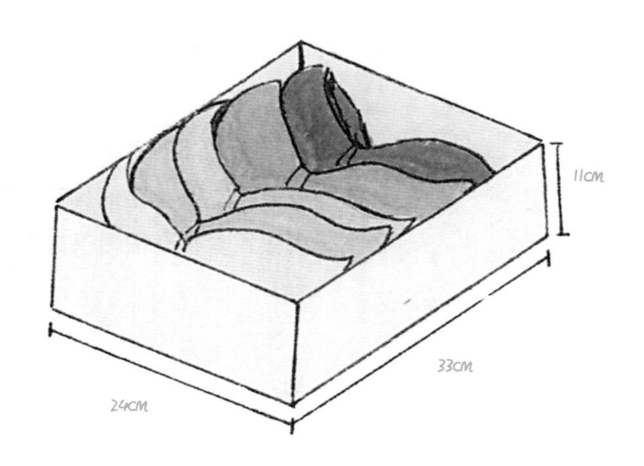

8. 换季衣服收纳用压缩袋好还是用塑料大箱子好呢?

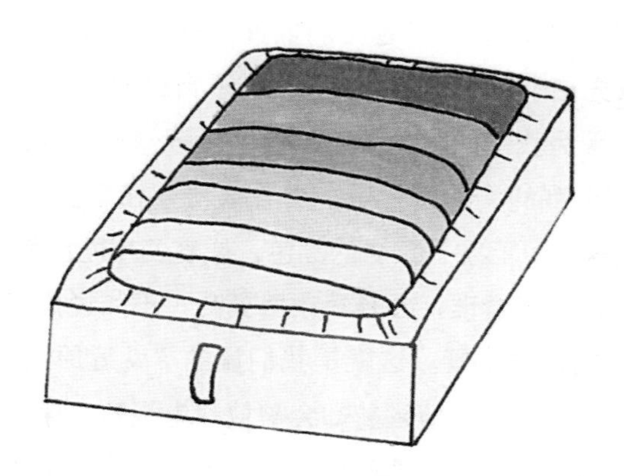

最好用的是百纳箱，或是箱式储物袋，容积大、比塑料箱轻巧，而且带有透明的“可视窗”。

9. 我家的鞋柜不够大，鞋子又很多，怎么收纳才能做到方便合理呢?

玄关空间狭小，可以尝试把鞋子按照穿的频率来分类。经常穿的当季鞋子放在玄关，其他反季的鞋子，放在家里的其他储物空间，例如储物柜或储物间里。

10. 能不能讲一下屋子家具的布局，有时候乱是因为家具摆的不是特别合适。有没有摆放的技巧？

从心理学的角度来分析，我们人类大脑接受的信息有八成来自视觉，而视觉信息又最直观的体现在颜色上。因此，家居的配色非常关键。大家可以给自己家先拍个照片，来重新审视一下自己的家。

为什么要拍照，是因为我们的眼睛很容易自动屏蔽一些习以为常的信息，而照片是最真实客观的。从照片里，看看家里存在多少种颜色，是否协调。通常建议大家尽可能统一家居的颜色，或者使用同色系的。

另外，与其说家具位置不合理，会导致家里变乱，不如说是因为大家没有给物品找到合适的摆放位置。这就是我们说的“就近原则”。例如大部分人其实是在餐厅吃药的，但是药却会被放在电视柜、床头柜等其他地方，于是你每次吃完药，就会把药留在餐桌上。那为什么不在餐桌附近创造一个收纳药品的空间呢，这样吃完药就可以很快放回原位。

11. 宝宝的衣服我都是放在一个抽屉柜里，可是冬天的棉衣羽绒服比较大，放抽屉柜特别占地方，我想问一下老师怎么收纳这一类衣服呢？

棉衣、羽绒服这一类常穿的厚外套，最好是挂起来。特别要说的是，大部分家长都会提前给孩子买很多衣服，但是却不会提前预备儿童衣物的收纳空间，这是导致宝宝衣服放不下和凌乱的最主要原因。大家想一想，凭什么大人有专用衣柜、有挂衣区，宝宝却没有呢？要做好收育，就要为孩子的物品规划相应的收纳空间。